これでわかる算数 小学3年

文英堂編集部　編

JN098598

文英堂

とくべつふろく 教科書のよう点  まとめカード30

---

1 〔かけ算のきまり〕　→5ページ

●かけられる数とかける数を入れかえ
ても，答えは同じ。

$$9 \times 3 = 3 \times 9$$

●0のかけ算

$$\square \times 0 = 0 \quad 0 \times \square = 0$$

●10のかけ算…もとの数の右に
0をつける。

$$23 \times 10 = 230$$

答 (1)6 (2)6 (3)4 (4)8 (5)0 (6)0
(7)70 (8)30 (9)50 (10)60

---

2 〔わり算〕　→21ページ

わり算…$6 \div 2$，$20 \div 5$ のような計算。
わり算の答えの見つけ方…

$6 \div 2$の答えは

$$2 \times \square = 6$$

の□にあてはまる数。

$$6 \div 2 = 3$$

二のだんの九九
をつかって，
二三が6だから，
答えは3

わられる数　わる数　答え

答 (1)4 (2)3 (3)3 (4)6 (5)9
(6)7 (7)6 (8)7 (9)8 (10)9

---

3 〔3けたの数のたし算〕　→34ページ

位をそろえて書く

$$\begin{array}{r} 678 \\ +245 \\ \hline 3 \end{array} \rightarrow \begin{array}{r} 678 \\ +245 \\ \hline 23 \end{array} \rightarrow \begin{array}{r} 678 \\ +245 \\ \hline 923 \end{array}$$

8+5=⑩3　1+7+4=⑩2　1+6+2=9
　くり上げる　　くり上げる

①一の位から計算していく。
$$8+5=13 \quad \leftarrow 1 くり上げる$$
②$$1+7+4=12 \quad \leftarrow 1くり上げる$$
③$$1+6+2=9$$

答 (1)768 (2)883 (3)326 (4)443 (5)902 (6)854

---

4 〔3けたの数のひき算〕　→38ページ

$$\begin{array}{r} 735 \\ -298 \\ \hline 7 \end{array} \rightarrow \begin{array}{r} 735 \\ -298 \\ \hline 37 \end{array} \rightarrow \begin{array}{r} 735 \\ -298 \\ \hline 437 \end{array}$$

⑮-8=7　⑫-9=3　6-2=4
十の位から　百の位から　百の位は6
1くり下げる　1くり下げる

①5から8はひけないので，十の位か
ら1くり下げて　$15-8=7$
②十の位は2　$12-9=3$
③百の位は6　$6-2=4$

答 (1)225 (2)512 (3)135 (4)51 (5)587 (6)286

---

5 〔たし算の暗算〕　→42ページ

●$35+29$ の暗算のしかた

①$$30+20=50$$
$$5+9=14$$
$$50+14=64$$

[図] ⑩⑩⑩+⑩⑩=50
＋＝14

②$$29に1をたして30$$
$$35+30=65$$
$$65-1=64$$

たした1をひいておく

答 (1)47 (2)68 (3)93 (4)81
(5)81 (6)60 (7)82 (8)74

---

6 〔ひき算の暗算〕　→43ページ

●$53-38$ の暗算のしかた

①$$53=40+13$$
$$13-8=5$$
$$40-30=10$$
$$10+5=15$$

②$$50-38=12$$
$$50は53より3小さいから，3をた$$
して，$12+3=15$

答 (1)42 (2)32 (3)17 (4)9
(5)9 (6)45 (7)35 (8)14

カードの使い方としくみ

ミシン目で切り取ってください。リングにとじて使えばべんりです。

● カードの 表には，教科書の よう点が まとめてあります。

● カードの うらには，テストに よく出る たいせつな 問題を のせてあります。

● カードの うらの 問題の 答えは，カードの 表の いちばん 下に のせてあります。

2

◯ わり算をしましょう。

(1) $8 \div 2$ 　　(2) $9 \div 3$

(3) $15 \div 5$ 　　(4) $24 \div 4$

(5) $27 \div 3$ 　　(6) $42 \div 6$

(7) $48 \div 8$ 　　(8) $35 \div 5$

(9) $64 \div 8$ 　　(10) $54 \div 6$

1

◯ □にあてはまる数をいいましょう

(1) $6 \times 5 = 5 \times □$

(2) $8 \times 6 = □ \times 8$

(3) $□ \times 3 = 3 \times 4$

(4) $2 \times □ = 8 \times 2$

◯ 計算をしましょう。

(5) 5×0 　　(6) 0×7

(7) 7×10 　　(8) 10×3

(9) 10×5 　　(10) 6×10

4

◯ ひき算をしましょう。

(1) $\begin{array}{r} 348 \\ -123 \\ \hline \end{array}$ 　　(2) $\begin{array}{r} 725 \\ -213 \\ \hline \end{array}$

(3) $\begin{array}{r} 274 \\ -139 \\ \hline \end{array}$ 　　(4) $\begin{array}{r} 345 \\ -294 \\ \hline \end{array}$

(5) $\begin{array}{r} 806 \\ -219 \\ \hline \end{array}$ 　　(6) $\begin{array}{r} 762 \\ -476 \\ \hline \end{array}$

3

◯ たし算をしましょう。

(1) $\begin{array}{r} 423 \\ +345 \\ \hline \end{array}$ 　　(2) $\begin{array}{r} 610 \\ +273 \\ \hline \end{array}$

(3) $\begin{array}{r} 174 \\ +152 \\ \hline \end{array}$ 　　(4) $\begin{array}{r} 168 \\ +275 \\ \hline \end{array}$

(5) $\begin{array}{r} 207 \\ +695 \\ \hline \end{array}$ 　　(6) $\begin{array}{r} 469 \\ +385 \\ \hline \end{array}$

6

◯ 暗算でもとめましょう。

(1) $63 - 21$ 　　(2) $48 - 16$

(3) $50 - 33$ 　　(4) $21 - 12$

(5) $38 - 29$ 　　(6) $81 - 36$

(7) $63 - 28$ 　　(8) $93 - 79$

5

◯ 暗算でもとめましょう。

(1) $15 + 32$ 　　(2) $23 + 45$

(3) $57 + 36$ 　　(4) $18 + 63$

(5) $44 + 37$ 　　(6) $21 + 39$

(7) $54 + 28$ 　　(8) $36 + 38$

7 〔円〕 →45 ページ

円…コンパスでかいたようなまるい形。

半径…中心からまわりまでひいた直線。

直径…中心を通り、まわりからまわりまでひいた直線。

（図：直径・半径・中心）

答 (1)10cm (2)5cm

8 〔球〕 →45 ページ

球…ボールのように、どこから見ても円に見える形。

中心・半径・直径…球をま二つに切ったとき、切り口の円の中心・半径・直径。

（図：半径・中心・直径）

答 (1)6cm (2)3cm

9 〔あまりのあるわり算〕 →51 ページ

● 「16このみかんを5人に分けると、3こずつ分けられて、1こあまる。」
このことを式でかくと

わられる数　わる数　あまり

$$16 \div 5 = 3 \text{ あまり } 1$$

「16わる5は、3あまり1」と読む。

● 答えのたしかめ…16÷5＝3あまり1
の答えのたしかめは

$$5 \times 3 + 1 = 16$$

答 8こ、2こ

10 〔大きな数〕 →61 ページ

億の位…千万の10倍を一億といい、100000000と書く。

大きな数の読み方

1	2	0	5	6	0	8	0	0
億の位	千万の位	百万の位	十万の位	一万の位	千の位	百の位	十の位	一の位

「一億二千五十六万八百」と読む。

答 (1)38659000 (2)4020508 (3)76000038
(4)150300 (5)40165968 (6)50000000

11 〔大きな数のしくみ〕 →63 ページ

● 10倍ごとに位が1つずつ上がる。

```
一             1       ⎫10倍
十            10       ⎫10倍
百           100       ⎫10倍
千          1000       ⎫10倍
一万       10000       ⎫10倍
十万      100000       ⎫10倍
百万     1000000       ⎫10倍
千万    10000000       ⎫10倍
一億   100000000
```

10倍（ 28356 ）
（ 283560 ）10でわる

答 (1)75520 (2)3065009 (3)9999 (4)1000000

12 〔10倍, 10でわる〕 →67 ページ

10倍する…どんな数でも、10倍すると、位が1つ上がる。

3	5	6	
3	5	6	0

）10倍

10でわる…一の位が0の数を10でわると、位が1つ下がる。

8	7	1	0
	8	7	1

）10でわる

答 (1)840 (2)6700 (3)42 (4)380
(5)100000 (6)113000 (7)88000

13 〔かけ算の筆算①〕 →72 ページ

● 67×8 の筆算

```
  67        67        67
×  8   →  ×  8   →  ×  8
              6       536
```

たてにならべて書く。

八七56
5をくり上げる。

八六48
48にくり上げた5をたして
48+5=53
十の位は3、
百の位は5

答 (1)84 (2)75 (3)126 (4)648 (5)390 (6)413

14 〔かけ算の筆算②〕 →73 ページ

● 793×4 の筆算

```
 793       793       793
×  4   →  ×  4   →  ×  4
    2        72      3172
```

四三12
一の位は2、
十の位に1
くり上げる。

四九36
くり上げた1
とで十の位は7
百の位に3
くり上げる。

四七28
くり上げた
3とで31

答 (1)468 (2)876 (3)3210
(4)5112 (5)5632 (6)3290

● はこに，ボールがきちんとはいっています。

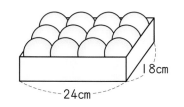

(1) ボールの直径は何cmですか。

(2) ボールの半径は何cmですか。

● 右のように，1辺が10cmの正方形の中にきっちりはいる円をかきました。

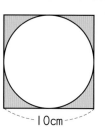

(1) この円の直径は何cmですか。

(2) この円の半径は何cmですか。

● 数字で書きましょう。

(1) 三千八百六十五万九千

(2) 四百二万五百八

(3) 七千六百万三十八

(4) 十五万三百

(5) 四千十六万五千九百六十八

(6) 五千万

● 26このキャンディーを，3人の子どもに同じ数ずつ分けると，1人何こもらえて何こあまりますか。

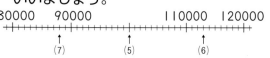

● 10倍した数をいいましょう。

(1) 84　　(2) 670

● 10でわった数をいいましょう。

(3) 420　　(4) 3800

● 下の数直線で，(5)～(7)にあたる数をいいましょう。

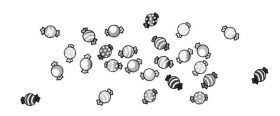

● 次の数をいいましょう。

(1) 一万を7こ，千を5こ，百を5こ，十を2こあわせた数

(2) 百万を3こ，一万を6こ，千を5こ，一を9こあわせた数

(3) 10000より1小さい数

(4) 999999より1大きい数

● かけ算をしましょう。

(1)　234
　　×　2

(2)　219
　　×　4

(3)　535
　　×　6

(4)　852
　　×　6

(5)　704
　　×　8

(6)　470
　　×　7

● かけ算をしましょう。

(1)　21
　　×　4

(2)　25
　　×　3

(3)　42
　　×　3

(4)　72
　　×　9

(5)　65
　　×　6

(6)　59
　　×　7

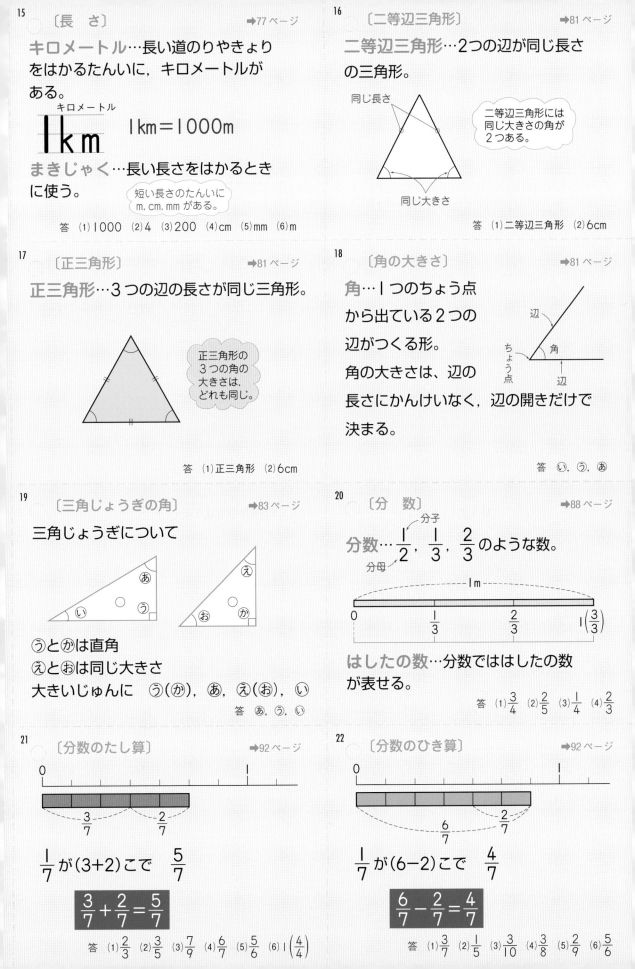

15 〔長さ〕 →77 ページ

キロメートル…長い道のりやきょりをはかるたんいに，キロメートルがある。

1km キロメートル 1km＝1000m

まきじゃく…長い長さをはかるときに使う。

> 短い長さのたんいにm, cm, mm がある。

答 (1)1000 (2)4 (3)200 (4)cm (5)mm (6)m

16 〔二等辺三角形〕 →81 ページ

二等辺三角形…2つの辺が同じ長さの三角形。

同じ長さ

> 二等辺三角形には同じ大きさの角が2つある。

同じ大きさ

答 (1)二等辺三角形 (2)6cm

17 〔正三角形〕 →81 ページ

正三角形…3つの辺の長さが同じ三角形。

> 正三角形の3つの角の大きさは，どれも同じ。

答 (1)正三角形 (2)6cm

18 〔角の大きさ〕 →81 ページ

角…1つのちょう点から出ている2つの辺がつくる形。
角の大きさは、辺の長さにかんけいなく，辺の開きだけで決まる。

辺 角 ちょう点 辺

答 ⓘ, ⓤ, ⓐ

19 〔三角じょうぎの角〕 →83 ページ

三角じょうぎについて

ⓤとⓚは直角
ⓔとⓞは同じ大きさ
大きいじゅんに ⓤ(ⓚ), ⓐ, ⓔ(ⓞ), ⓘ

答 ⓐ, ⓤ, ⓘ

20 〔分 数〕 →88 ページ

分数…$\frac{1}{2}$, $\frac{1}{3}$, $\frac{2}{3}$ のような数。

分子 分母

1m
0　$\frac{1}{3}$　$\frac{2}{3}$　$1\left(\frac{3}{3}\right)$

はしたの数…分数でははしたの数が表せる。

答 (1)$\frac{3}{4}$ (2)$\frac{2}{5}$ (3)$\frac{1}{4}$ (4)$\frac{2}{3}$

21 〔分数のたし算〕 →92 ページ

0　　　　　　　　　1

$\frac{3}{7}$　　$\frac{2}{7}$

$\frac{1}{7}$ が(3＋2)こで $\frac{5}{7}$

$$\frac{3}{7}＋\frac{2}{7}＝\frac{5}{7}$$

答 (1)$\frac{2}{3}$ (2)$\frac{3}{5}$ (3)$\frac{7}{9}$ (4)$\frac{6}{7}$ (5)$\frac{5}{6}$ (6)$1\left(\frac{4}{4}\right)$

22 〔分数のひき算〕 →92 ページ

0　　　　　　　　　1

$\frac{6}{7}$　　$\frac{2}{7}$

$\frac{1}{7}$ が(6－2)こで $\frac{4}{7}$

$$\frac{6}{7}－\frac{2}{7}＝\frac{4}{7}$$

答 (1)$\frac{3}{7}$ (2)$\frac{1}{5}$ (3)$\frac{3}{10}$ (4)$\frac{3}{8}$ (5)$\frac{2}{9}$ (6)$\frac{5}{6}$

オの点を中心と
して，半径6cm
の円をかきまし
た。

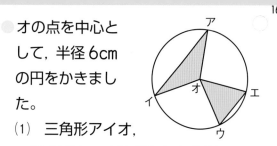

(1) 三角形アイオ，
三角形ウエオはどんな三角形
ですか。

(2) アオの長さは何cmですか。

◯ ☐にあてはまる数をいいましょう。

(1) 1km＝☐m

(2) 4000m＝☐km

(3) 2m＝☐cm

◯ 次の長さを表すときにつかう，たんい
をいいましょう。

(4) 身長 150（　　）

(5) ノートのあつさ 6（　　）

(6) 山の高さ 2758（　　）

◯ 次の角の大きさを，大きいじゅんに
いいましょう。

あ

い

う

◯ イの点，ウの
点を中心とし
て，半径6cm
の円をかきま
した。

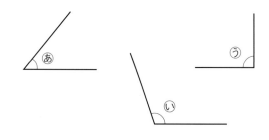

(1) 三角形アイウはどんな三角形
ですか。

(2) アイの長さは何cmですか。

◯ 分数で表しましょう。

(1) ☐m

(2) ☐m

(3) 1L

(4) 1L

◯ 次の角の大きさを，大きいじゅんに
いいましょう。

あ ◯ ◯

い ◯ ◯

う ◯ ◯

◯ 次のひき算をしましょう。

(1) $\dfrac{5}{7}-\dfrac{2}{7}$　(2) $\dfrac{3}{5}-\dfrac{2}{5}$　(3) $\dfrac{6}{10}-\dfrac{3}{10}$

(4) $\dfrac{5}{8}-\dfrac{2}{8}$　(5) $\dfrac{7}{9}-\dfrac{5}{9}$　(6) $1-\dfrac{1}{6}$

◯ 次のたし算をしましょう。

(1) $\dfrac{1}{3}+\dfrac{1}{3}$　(2) $\dfrac{1}{5}+\dfrac{2}{5}$　(3) $\dfrac{5}{9}+\dfrac{2}{9}$

(4) $\dfrac{3}{7}+\dfrac{3}{7}$　(5) $\dfrac{2}{6}+\dfrac{3}{6}$　(6) $\dfrac{1}{4}+\dfrac{3}{4}$

〔小数〕 ➡95ページ

小数…0.1, 0.3, 2.5のような小数点を用いて表された数。

一の位
2.5 ← 小数第一位$\left(\dfrac{1}{10}\text{の位}\right)$
↑
小数点

答 (1)0.7dL (2)1.4dL

〔数直線と小数のしくみ〕 ➡97ページ

数直線…下の図のように, 数をめもった直線。

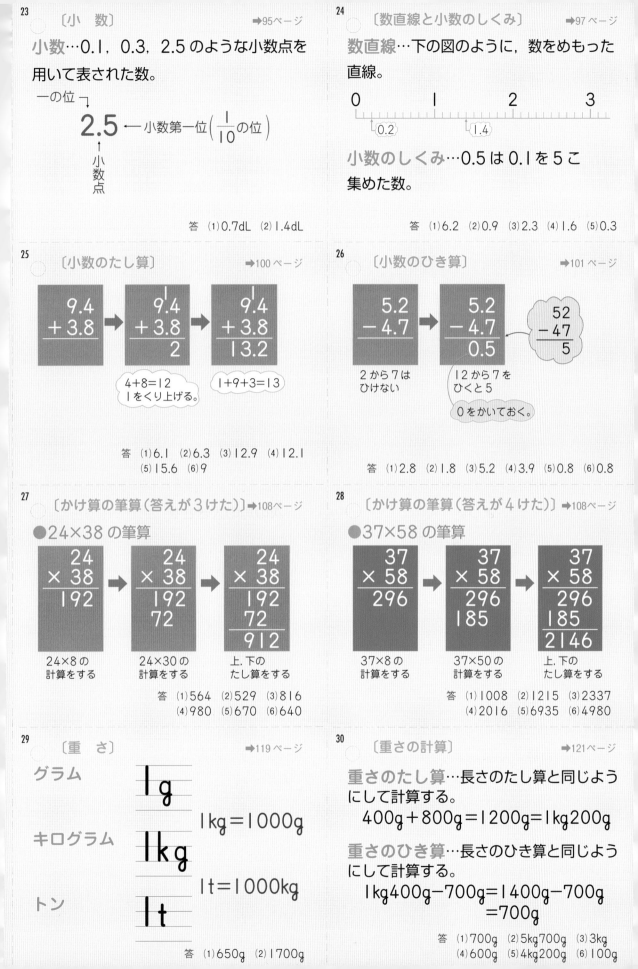

0 1 2 3
0.2 1.4

小数のしくみ…0.5は0.1を5こ集めた数。

答 (1)6.2 (2)0.9 (3)2.3 (4)1.6 (5)0.3

〔小数のたし算〕 ➡100ページ

$$\begin{array}{r} 9.4 \\ +\,3.8 \\ \hline \end{array} \rightarrow \begin{array}{r} 9.4 \\ +\,3.8 \\ \hline 2 \end{array} \rightarrow \begin{array}{r} 9.4 \\ +\,3.8 \\ \hline 13.2 \end{array}$$

4+8=12 1をくり上げる。

1+9+3=13

答 (1)6.1 (2)6.3 (3)12.9 (4)12.1 (5)15.6 (6)9

〔小数のひき算〕 ➡101ページ

$$\begin{array}{r} 5.2 \\ -\,4.7 \\ \hline \end{array} \rightarrow \begin{array}{r} 5.2 \\ -\,4.7 \\ \hline 0.5 \end{array}$$

$$\begin{array}{r} 52 \\ -\,47 \\ \hline 5 \end{array}$$

2から7はひけない

12から7をひくと5

0をかいておく。

答 (1)2.8 (2)1.8 (3)5.2 (4)3.9 (5)0.8 (6)0.8

〔かけ算の筆算(答えが3けた)〕➡108ページ

●24×38の筆算

$$\begin{array}{r} 24 \\ \times\,38 \\ \hline 192 \end{array} \rightarrow \begin{array}{r} 24 \\ \times\,38 \\ \hline 192 \\ 72 \end{array} \rightarrow \begin{array}{r} 24 \\ \times\,38 \\ \hline 192 \\ 72 \\ \hline 912 \end{array}$$

24×8の計算をする

24×30の計算をする

上, 下のたし算をする

答 (1)564 (2)529 (3)816 (4)980 (5)670 (6)640

〔かけ算の筆算(答えが4けた)〕➡108ページ

●37×58の筆算

$$\begin{array}{r} 37 \\ \times\,58 \\ \hline 296 \end{array} \rightarrow \begin{array}{r} 37 \\ \times\,58 \\ \hline 296 \\ 185 \end{array} \rightarrow \begin{array}{r} 37 \\ \times\,58 \\ \hline 296 \\ 185 \\ \hline 2146 \end{array}$$

37×8の計算をする

37×50の計算をする

上, 下のたし算をする

答 (1)1008 (2)1215 (3)2337 (4)2016 (5)6935 (6)4980

〔重さ〕 ➡119ページ

グラム **1g**

キログラム **1kg** 1kg=1000g

トン **1t** 1t=1000kg

答 (1)650g (2)1700g

〔重さの計算〕 ➡121ページ

重さのたし算…長さのたし算と同じようにして計算する。
400g+800g=1200g=1kg200g

重さのひき算…長さのひき算と同じようにして計算する。
1kg400g-700g=1400g-700g
=700g

答 (1)700g (2)5kg700g (3)3kg (4)600g (5)4kg200g (6)100g

⬤ □にあてはまる数をいいましょう。

(1) 6と0.2をあわせた数は□

(2) 0.1を9こ集めた数は□

(3) 0.1を23こ集めた数は□

(4) 1km600m＝□km

(5) 3mm＝□cm

⬤ 何dLでしょう。

(1)　　　　　　　(2)

□dL　　　　　　□dL

⬤ 次のひき算をしましょう。

(1)　4.3　　(2)　7.4　　(3)　8.1
　　－1.5　　　　－5.6　　　　－2.9

(4)　5.7　　(5)　3.5　　(6)　1.6
　　－1.8　　　　－2.7　　　　－0.8

⬤ 次のたし算をしましょう。

(1)　4.5　　(2)　2.7　　(3)　4.6
　　＋1.6　　　　＋3.6　　　　＋8.3

(4)　3.5　　(5)　5.7　　(6)　4.8
　　＋8.6　　　　＋9.9　　　　＋4.2

⬤ かけ算をしましょう。

(1)　21　　(2)　45　　(3)　57
　　×48　　　　×27　　　　×41

(4)　24　　(5)　73　　(6)　60
　　×84　　　　×95　　　　×83

⬤ かけ算をしましょう。

(1)　12　　(2)　23　　(3)　34
　　×47　　　　×23　　　　×24

(4)　28　　(5)　10　　(6)　32
　　×35　　　　×67　　　　×20

⬤ 重さの計算をしましょう。

(1)　300g＋400g

(2)　5kg400g＋300g

(3)　2kg300g＋700g

(4)　800g－200g

(5)　4kg800g－600g

(6)　1kg－900g

⬤ めもりを読みましょう。

(1)　　　　　　　(2)

この本の
とく色と
使い方

この本は，全国の小学校・じゅくの先生やお友だちに，"どんな本がいちばんやくに立つか"をきいてつくったさん考書です。

❶ 教科書にピッタリあわせている。

❷ たいせつなこと（よう点）がわかりやすく，ハッキリ書いてある。

❸ 教科書のドリルやテストに出る問題がたくさんのせてある。

❹ 問題の考え方やとき方が，親切に書いてあり，実力が身につく。

❺ カラーの図や表がたくさんのっているので，楽しく勉強できる。

この本の組み立てと使い方

教科書のまとめ

● その章で勉強することをまとめてあります。予習のときに目を通すと，何を勉強するのかよくわかります。テスト前にも，わすれていないかチェックできます。

かい説＋問題

● それぞれの章は，内ようごとに分けてあります。ひとつひとつ内ようには「問題」，「教科書のドリル」，「テストに出る問題」があります。

▷「問題」は，学習内ようを理かいするところです。ここで，問題の考え方・とき方を身につけましょう。

▷「コーチ」には，「問題」で勉強することや，おぼえておかなければならないポイントなどをのせています。

▷「たいせつポイント」には，大事な事がらをわかりやすくまとめてあります。ぜひ，おぼえておいてください。

教科書のドリル

▷「教科書のドリル」は，「問題」で勉強したことをたしかめるところです。教科書のふく習ができます。

テストに出る問題

▷「テストに出る問題」は，時間を決めて，テストの形で練習するところです。

おもしろ算数

● 「おもしろ算数」では，ちょっと息をぬき，頭の体そうをしましょう。

やってみよう

● 「やってみよう」では，すすんだ学習をのせています。ここで，いろいろな見方・考え方を身につけましょう。

もくじ

もくじ

1 かけ算

教科書のまとめ

⭐ かけ算のきまり

▶ かける数が1ふえると，かけられる数だけ大きくなります。

かけられる数 ┌ かける数

$$6 \times 4 = 6 \times 3 + 6$$

1ふえる　かけられる数だけ大きくなる

▶ かける数が1へると，かけられる数だけ小さくなります。

かけられる数 ┌ かける数

$$5 \times 3 = 5 \times 4 - 5$$

1へる　かけられる数だけ小さくなる

▶ かけられる数とかける数を入れかえても，答えは同じです。

$$8 \times 7 = 7 \times 8$$

⭐ 3つの数のかけ算

▶ かけるじゅんじょをかえても，答えは同じです。

$$(5 \times 2) \times 3 = 5 \times (2 \times 3)$$

先に計算　　先に計算

⭐ 0のかけ算

▶ $\square \times 0 = 0$

答えは0　どんな数であっても

▶ $0 \times \square = 0$

答えは0　どんな数であっても

⭐ 何十，何百のかけ算

$$40 \times 6 = 240$$

10が4こ　10が24こ

$$300 \times 7 = 2100$$

100が3こ　100が21こ

5

1 かけ算

 コーチ

問題 1 かけ算

下の☆のところの数をいいましょう。見つけ方を，
いろいろ考えてみましょう。

かけられる数＼かける数	1	2	3	4	5	6	7	8	9
7	7	14	21	28	35	☆	49	56	63

● かけ算では，かける数が1ふえると，答えはかけられる数だけ大きくなります。

考え方

九九で七のだんを使うとわかるよ。

7×5＝35
35より7大きい数だわ。

7×7＝49
49より7小さい数だよ。

● かけ算では，かける数が1へると，答えはかけられる数だけ小さくなります。

答 42

問題 2 かけ算のきまり

□にあてはまる数を書きましょう。

(1) 8×6＝8×5＋□

(2) 6×7＝6×8－□

 コーチ

● 8×6＝8×5＋8
かける数が
1大きくなっている

8×6の答えは，8×5の答えより8ふえます。

考え方

(1) かけられる数が8のとき，
かける数が1ふえると，答えは8ふえます。

答 8

(2) かけられる数が6のとき，
かける数が1へると，答えは6へります。

答 6

6×7の答えは，6×8の答えより6へります。

● 6×7＝6×8－6
かける数が
1小さくなっている

かける数が|ふえると，答えはかけられる数だけ大きくなり，
かける数が|へると，答えはかけられる数だけ小さくなります。

問題3 かけ算の問題

右の●は，みんなでいくつあるでしょう。
●の数のもとめ方を考えましょう。

● かけられる数とかける数を入れかえても，答えは同じです。

 かけ算を使うと，はやくもとめられます。

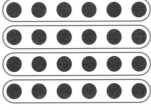

$6 \times 4 = 24$

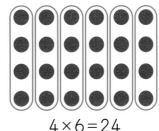

$4 \times 6 = 24$

4×6と6×4の答えはどちらも24で，同じです。

答 24こ

 6×4の九九をわすれたときは，4×6と入れかえてみます。6×3+6，6×5−6と考えてもよいでしょう。

問題4 3つの数のかけ算

クッキーが，|つのふくろに4こずつ入っています。|箱に2ふくろ入っています。

箱は3箱あります。クッキーはみんなで何こあるでしょう。かけ算を使って，もとめましょう。

● 3つの数のかけ算では，かけるじゅんじょをかえて計算しても答えは同じです。

● |箱の中に何こあるかを先に計算して
   $(4 \times 2) \times 3 = 24$
   ┗━ $4 \times 2 = 8$

● ふくろはいくつあるかを先に計算して
   $4 \times (2 \times 3) = 24$
   ┗━ 2×3を先に計算。$2 \times 3 = 6$

答 24こ

教科書のドリル

答え → べっさつ2ページ

① 右の表の⑤, ⓘ, ⑤, ⓔの数をもとめる式と答えを書きましょう。

⑤ （　　　　　　　）

ⓘ （　　　　　　　）

⑤ （　　　　　　　）

ⓔ （　　　　　　　）

〔かける数〕

〔かけられる数〕

	1	2	3	4	5	6	7	8	9
1	1	2	3	4	5	6	7	8	9
2	2	4	6	8	⑤	12	14	16	18
3	3	6	9	12	15	18	21	24	27
4	ⓘ	8	12	16	20	24	28	32	36
5	5	10	15	20	25	30	35	⑤	45
6	6	12	18	24	30	36	42	48	54
7	7	14	21	28	35	42	49	56	63
8	8	16	24	32	40	48	56	64	72
9	9	18	27	36	45	54	ⓔ	72	81

② 次の □ にあてはまる数を入れましょう。

(1)　$4×8=8×$ □

(2)　$9×$ □ $=5×9$

(3)　$3×9$は, $3×8$より □ 大きい。

(4)　$3×8$は, $3×9$より □ 小さい。

(5)　$8×6=8×5+$ □

(6)　$5×4=5×5-$ □

(7)　$2×24=2×3×$ □ $=6×$ □ $=$ □

③ 8こ入りの石けんの箱が, 6箱あります。

(1)　石けんは, 何こあるでしょう。

（　　　　　　　）

(2)　6こ使うと, 何このこるでしょう。

（　　　　　　　）

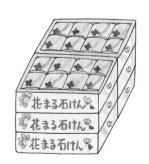

1 □にあてはまる数を書きましょう。〔5点ずつ…合計30点〕

(1) $6 \times 8 = \boxed{} \times 6$

(2) $2 \times \boxed{} = 7 \times 2$

(3) $3 \times 5 = 3 \times 4 + \boxed{}$

(4) $4 \times 8 = 4 \times 9 - \boxed{}$

(5) $3 \times 21 = 3 \times 3 \times \boxed{} = \boxed{}$

2 つみ木は何こあるでしょう。〔10点ずつ…合計20点〕

(1)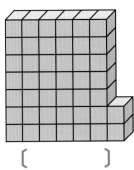

(2)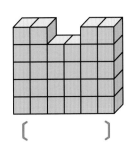

〔　　　　〕　　　　　　〔　　　　〕

3 上と下で，答えが同じになるものを線でむすびましょう。

〔4点ずつ…合計20点〕

9×4	6×8	6×5	7×5	7×3
・	・	・	・	・
・	・	・	・	・
$6 \times 4 + 6$	4×9	$7 \times 4 - 7$	$6 \times 9 - 6$	$7 \times 4 + 7$

4 1皿に7こずつ，いちごをもります。8皿では，いちごの数は何こになるでしょう。〔15点〕

〔　　　　〕

5 3人の子どもに4mのテープを2本ずつ配ります。テープは，全部で何mいるでしょう。〔15点〕

〔　　　　〕

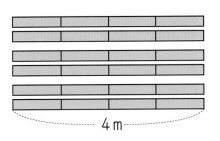

4m

2 0,10,何十,何百のかけ算

問題 1 10のかけ算

(1) 5×10はいくつでしょう。

(2) 10×5はいくつでしょう。

● 5×10のかけ算

$5×10=5×9+5$

と考えて

$5×10=50$

 考え方

(1)

$$5×8=40$$
$$5×9=45$$
$$5×10=50$$

5ふえる
5ふえる

$$5×10=50$$

答 50

● 10×5のかけ算

10×5を10の5

つ分と考えて

$10×5=50$

(2) $10×5$
$=10+10+10+10+10$
$=50$

$$10×5=50$$

答 50

問題 2 0のかけ算

玉なげをしました。点数をかけ算の式に書いてもとめましょう。

 コーチ

● どんな数に0をかけても答えは0です。

● 0にどんな数をかけても答えは0です。

 考え方

点	入った数	
10	2	20
5	0	0
0	3	0

$10×2=20$

$5×0=0$

$0×3=0$

答 20点

かけられる数や,かける数が0のとき,答えは0です。

問題3 何十のかけ算

20円の切手を3まい買います。
何円はらえばよいでしょう。

 コーチ

● 40×6の答えは，4×6の計算をもとにして考えます。

$$40×6=240$$

0を1つつける

考え方 20×3の計算をします。

20 ………… 10が2こ
20×3 …… 10が(2×3)こ
20×3＝60

20×3＝60

答 60円

問題4 何百のかけ算

200円の切手を6まい買います。
何円はらえばよいでしょう。

 コーチ

● 400×6の答えは，4×6の計算をもとにして考えます。

$$400×6=2400$$

0を2つつける

考え方 200×6の計算をします。

200 ………… 100が2こ
200×6 …… 100が(2×6)こ
200×6＝1200

200×6＝1200

答 1200円

もっと くわしく 何十，何百のかけ算は，暗算でできるようになりましょう。

教科書のドリル

答え → べっさつ3ページ

① 次の計算をしましょう。

(1) 0×8 　　　(2) 4×0 　　　(3) 0×0

(4) 10×3 　　(5) 7×10 　　(6) 40×2

(7) 60×3 　　(8) 300×3 　　(9) 400×9

② 1本200円のカステラを6本買います。
何円はらえばよいでしょう。

(　　　　　)

1本　200円

③ 長方形の形をした花だんがあります。たての長さは50cmで，横の長さはたての長さの3倍です。
横の長さは何cmでしょう。

(　　　　　)

④ いすが1列に8きゃくずつ，10列ならべてあります。1きゃくのいすに1人こしかけます。

(1) いすは，全部で何きゃくあるでしょう。

(　　　　　)

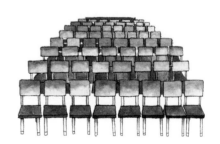

(2) 75人の子どもがこしかけると，いすは何きゃくあまるでしょう。

(　　　　　)

テストに出る問題

答え → べっさつ3ページ
時間20分　合かく点80点　とく点　／100

1 けんとさんが玉なげをしたら, 下の表のようになりました。

けんとさんのとく点は, 全部で何点になるでしょう。〔20点〕

点数	入った数	と く 点
10	6	
5	0	
0	4	

〔　　　　　　〕

2 次の計算をしましょう。〔8点ずつ…合計40点〕

(1)　$0×9$

(2)　$20×3$

(3)　$60×7$

(4)　$100×8$

(5)　$300×5$

3 チョコレートが1ふくろに30こ入っています。〔10点ずつ…合計20点〕

(1)　3ふくろでは, チョコレートの数は何こでしょう。

〔　　　　　　〕

(2)　9ふくろでは, チョコレートの数は何こでしょう。

〔　　　　　　〕

4 ゆうかさんの作文用紙は, 1まいに400字書けます。〔10点ずつ…合計20点〕

(1)　2まいでは, 何字書けるでしょう。

〔　　　　　　〕

(2)　5まいでは, 何字書けるでしょう。

〔　　　　　　〕

ふしぎなぶどう

答え → 141ページ

いちばん上のぶどうの実に書いてある数を使って計算し，答えを下のぶどうに書いていきましょう。

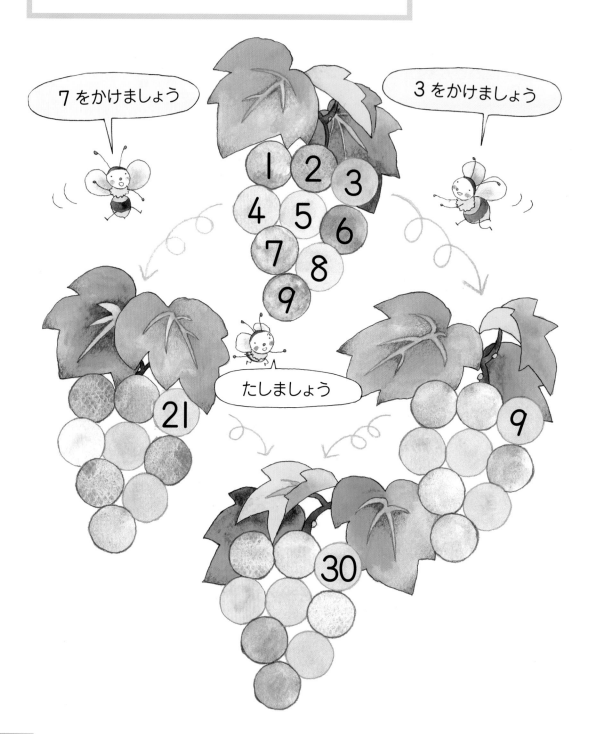

2 時こくと 時間の計算

教科書のまとめ

⭐ 時こくと時間

▶ ある時こくから，ある時こくまでの間がどれだけかが時間です。

▶ 時間を調べるには，数直線がべんりです。

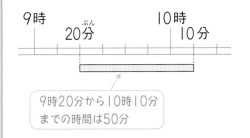

9時　20分　10時　10分

9時20分から10時10分までの時間は50分

⭐ 短い時間

▶ 1分より短い時間のたんいは秒です。

1分＝60秒

1 時こくと時間

問題1 時こく調べ

はるかさんは，午後3時50分から，1時間30分家のお手伝いをしました。お手伝いが終わった時こくをいいましょう。

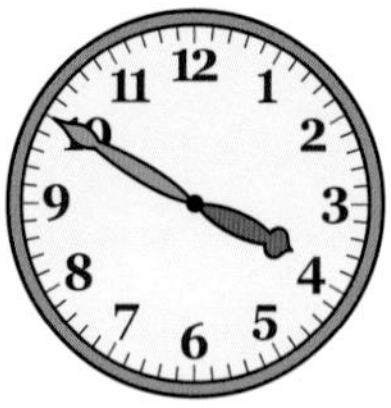

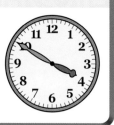

コーチ

● 80分は1時間20分です。
1時間＝60分

考え方 3時50分＋1時間30分のたし算をします。

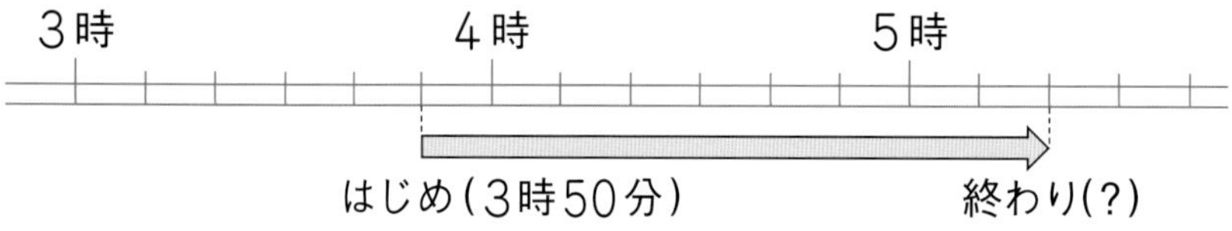

3時
4時
5時
はじめ(3時50分)
終わり(?)

3時50分＋1時間30分＝4時80分
＝5時20分

答 午後5時20分

問題2 時間の計算

次のあの時こくからいの時こくまでは，何時間何分あるでしょう。

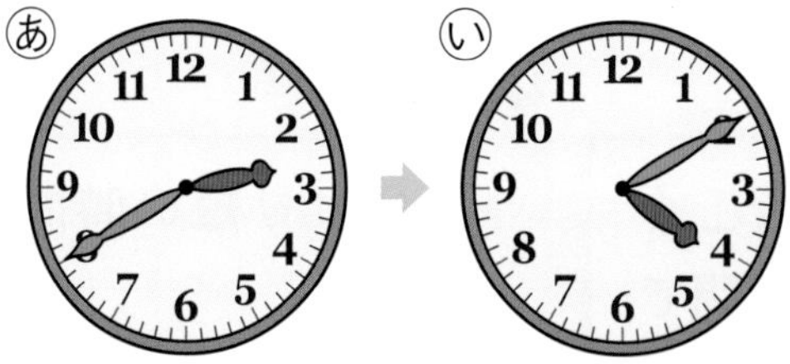

あ
い

コーチ

● 4時10分
└ひけない
－2時40分
＝3時70分
－2時40分

考え方 4時10分－2時40分のひき算をします。

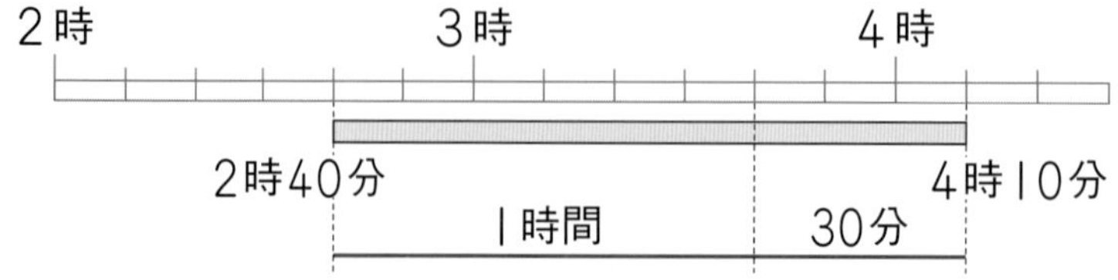

2時
3時
4時
2時40分
4時10分
1時間
30分

4時10分－2時40分＝3時70分－2時40分
＝1時間30分

答 1時間30分

たいせつ
ポイント | 1日＝24時間，1時間＝60分，1分＝60秒。

問題3 短い時間

たかやさんの50mきょう走の時間は，右のようでした。
何秒かかったでしょう。

● ラジオなどで，時ほうの前になる「ピッ，ピッ」という音と音の間が1秒です。

1分＝60秒

 短い時間は，秒というたんいを使います。
60秒が1分です。
上のストップウォッチは，11秒を指しています。

答 11秒

 短い時間は，ストップウォッチではかります。

問題4 分と秒

ゆうなさんは，かた足立ちを1分25秒つづけました。
これは何秒でしょう。

● 時計には，3本のはりがあります。

短しん…時
長しん…分
秒しん…秒

 1分＝60秒ですから，
60秒と25秒をたせばよいのです。

1分25秒＝1分＋25秒
　　　　＝60秒＋25秒
　　　　＝85秒

答 85秒

 ストップウォッチには，問題3の絵のようなもののほかにデジタルのものもあります。

教科書のドリル

答え → べっさつ4ページ

① 下の図を見て答えましょう。

```
7時      8時      9時      10時
├┼┼┼┼┼┼┼┼┼┼┼┼┼┼┼┼┼┼┤
        ↑               ↑
        あ              い
```

(1) あの時こくは, 何時何分でしょう。

(　　　　　)

(2) いの時こくは, 何時何分でしょう。

(　　　　　)

(3) あの時こくから, いの時こくまでの時間は, 何時間何分でしょう。

(　　　　　)

② みゆさんの家から駅まで行くのに, 30分かかります。
午後4時20分に駅に着くには, 家を午後何時何分に出るとよいでしょう。

(　　　　　)

③ ゆいさんは, 午後5時45分に家を出て, 駅に行きました。駅までは35分かかります。
駅に着く時こくは, 午後何時何分でしょう。

(　　　　　)

④ 計算練習を10題とくのに, たくみさんは58秒, ひろとさんは1分4秒かかりました。かかった時間のちがいは何秒でしょう。

(　　　　　)

⑤ ◻︎にあてはまる数を書き入れましょう。

(1) 2分 = ◻︎秒　　　(2) 100秒 = ◻︎分◻︎秒

テストに出る問題

答え → べっさつ4ページ

時間**20**分 合かく点**80**点 とく点 ／100

1 □にあてはまる数を書き入れましょう。〔5点ずつ…合計20点〕

(1) 3時間20分＝□分

(2) 130分＝□時間□分

(3) 1分30秒＝□秒

(4) 108秒＝□分□秒

2 次の計算をしましょう。〔7点ずつ…合計35点〕

(1) 8時25分＋16分

(2) 6時40分＋2時間30分

(3) 4時45分－38分

(4) 2時－20分

(5) 4時10分－2時間50分

3 400m走るのに，かずきさんは1分49秒，さくらさんは1分56秒かかったそうです。
かずきさんのほうが何秒はやいでしょう。〔15点〕

〔　　　　　　　〕

4 あおいさんは，9時50分に家を出て，10時20分に図書館に着きました。
家から図書館まで，何分かかったでしょう。〔15点〕

〔　　　　　　　〕

5 さやかさんの家からスーパーマーケットまでは35分かかります。
3時30分に家を出ると，何時何分にスーパーマーケットに着くでしょう。

〔15点〕

〔　　　　　　　〕

楽しい登山

答え → 141ページ

それぞれのポイントの間にかかった時間をじゅんに
書いていきましょう。

3 わり算

教科書の
まとめ

☆ わり算

▶ 8÷4，27÷3のような計算を
わり算といいます。

☆ 答えの見つけ方

▶ 8÷4の答えは
4×□＝8
の□にあてはまる数です。

> 四のだんの九九を
> つかって，四二が8
> だから答えは2

$$8÷4=2$$

わられる数 わる数 答え

☆ 1や0のわり算

▶ わる数が1のとき，答えはいつ
もわられる数と同じです。

$$4÷1=4 \qquad 7÷1=7$$

▶ わられる数が0のとき，答え
はいつも0です。

$$0÷3=0 \qquad 0÷9=0$$

☆ 2けた÷1けたのわり算

▶ 63÷3の答えは
$$60÷3=20$$
$$3÷3=1$$
だから，あわせて
$$63÷3=21$$

☆ 倍

▶ 10÷2＝5ですから，10mは
2mの5倍です。

1 わり算

問題 1 わり算の意味(1)

いちごが12こあります。
3人で同じ数ずつ分けると,
1人分は何こになるでしょう。

● 「12このいちごを同じ数ずつ3人に分ける」
「12このいちごを1人に3こずつ分ける」
このようなとき,
　　12÷3＝4
とわり算をします。

考え方

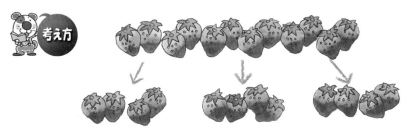

12このいちごを, 3人で同じ数ずつ分けると, 1人分は4こになります。このことを

　　　12÷3＝4

と書き,「12わる3は4」と読みます。

答 4こ

問題 2 わり算の意味(2)

24cmのリボンを6cmずつに切ると, 何本できるでしょう。

● わり算の答えは, 九九を使ってもとめます。
24÷6のように, 6でわるときは, 六のだんの九九を使います。

考え方

このようなとき, 24÷6のわり算をします。

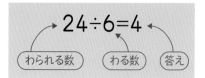

答 4本

たいせつポイント 12このいちごを3人に分けるときは 12÷3＝4 としてもとめます。

問題3 わり算の問題

(1) 32本のえんぴつを，8人で同じ数ずつ分けると，1人分は何本になるでしょう。

(2) 40このおはじきを，1人に8こずつ配ると，何人に分けることができるでしょう。

● 「同じ数ずつ分ける問題」はわり算を使います。

 (1) 32÷8のわり算をします。32÷8の答えは □×8＝32の□にあてはまる数です。

4×8＝32 ⇒ 32÷8＝4 **答** 4本

(2) 40÷8のわり算をします。

40÷8の答えは，8×□＝40の□にあてはまる数です。

8×5＝40 ⇒ 40÷8＝5 **答** 5人

問題4 1や0のわり算

次の計算をしましょう。

(1) 6÷1   (2) 0÷3

 (1) 6÷1の答えは，1×□＝6の□にあてはまる数です。

1×6＝6 ⇒ 6÷1＝6 **答** 6

(2) 0÷3の答えは，3×□＝0の□にあてはまる数です。

3×0＝0 ⇒ 0÷3＝0 **答** 0

● どんな数を1でわっても，答えはわられる数と同じ。

● 0をどんな数でわっても，答えは0

問題5 倍

クッキー1まいのねだんは54円で，キャンディー1このねだんは9円です。クッキーのねだんはキャンディーのねだんの何倍ですか。

 わり算を使います。

54÷9＝6(倍) **答** 6倍

● 倍をもとめるときは，わり算を使います。

教科書のドリル

答え→べっさつ5ページ

① 次のわり算をしましょう。

(1) 6÷2　　　　(2) 18÷3　　　　(3) 28÷4

(4) 45÷5　　　 (5) 48÷6　　　　(6) 21÷7

(7) 56÷8　　　 (8) 15÷5　　　　(9) 54÷6

② 次のわり算をしましょう。

(1) 5÷5　　　　(2) 4÷1　　　　(3) 8÷1

(4) 0÷3　　　　(5) 3÷3　　　　(6) 0÷7

③ 色紙が36まいあります。

(1) 1人に4まいずつ配ると，何人に配れるで
しょう。

　　　　　　　　　　　（　　　　　　）

(2) 同じ数ずつ4人に配ると，1人分は何まい
になるでしょう。

　　　　　　　　　　　（　　　　　　）

④ みさきさんは，家から駅まで歩くと27分かかります。自転車で行くと9
分かかります。
歩くときは自転車で行くときの何倍の時間がかかるでしょう。

　　　　　　　　　　　　　　　　　　（　　　　　　）

⑤ えんぴつが24本あります。このえんぴつ
を6人で同じ数ずつ分けると，1人分は何
本になるでしょう。

　　　　　　　　（　　　　　　）

テストに出る問題

答え べっさつ5ページ
時間20分　合かく点80点

とく点 ／100

1 次のわり算をしましょう。〔5点ずつ…合計30点〕

(1) 25÷5　　　(2) 72÷8　　　(3) 81÷9

(4) 24÷3　　　(5) 42÷7　　　(6) 72÷9

2 次のわり算をしましょう。〔5点ずつ…合計30点〕

(1) 6÷1　　　(2) 7÷7　　　(3) 0÷4

(4) 0÷9　　　(5) 1÷1　　　(6) 8÷8

3 みかんが24こあります。〔5点ずつ…合計10点〕

(1) 6人に同じ数ずつ分けます。1人分は何こでしょう。

〔　　　　　〕

(2) 1人に8こずつ分けると，何人に分けられるでしょう。

〔　　　　　〕

4 27人が3人ずつの組に分かれて，なわとびをします。
なわは何本いるでしょう。〔10点〕

〔　　　　　〕

5 36cmのリボンを同じ長さに切って，名ふだを4つ作ろうと思います。
何cmずつに切ればよいでしょう。〔10点〕

〔　　　　　〕

6 ともひとさんは，スポーツカーのミニカーを40台，トラックのミニカーを8台持っています。
スポーツカーのミニカーをトラックのミニカーの何倍持っているでしょう。〔10点〕

〔　　　　　〕

2 わり算を使った問題

問題 1 わり算とたし算

子ども36人が，1きゃくの長いすに4人ずつすわりました。あいた長いすが，まだ3きゃくあります。長いすは，みんなで何きゃくあるでしょう。

● わり算とたし算の2つの計算でもとめます。

36人が4人ずつすわっていくと，使う長いすは
$$36 \div 4 = 9$$
で9きゃく。
まだ，3きゃくあるから，長いすはみんなで
$$9 + 3 = 12（きゃく）$$
あります。

〔式〕 $36 \div 4 = 9$ $9 + 3 = 12$

答 12きゃく

問題 2 わり算とひき算

ゆいかさんは16このキャンディーを，妹と2人で同じ数ずつ分けました。
ゆいかさんは，そのうち5こ食べました。ゆいかさんのキャンディーは，何このこっているでしょう。

● わり算とひき算の2つの計算でもとめます。

16このキャンディーを2人で同じ数ずつ分けると
$$16 \div 2 = 8$$
で，1人分は8こ。
8このうち，5こ食べたから
$$8 - 5 = 3（こ）$$
のこります。

〔式〕 $16 \div 2 = 8$ $8 - 5 = 3$

答 3こ

$16 \div 2 = 8$，$8 - 5 = 3$を1つの式にまとめると
$16 \div 2 - 5 = 3$となります。

教科書のドリル

答え → べっさつ6ページ

❶ シールが48まいあります。このシールを6人で分けます。1人分は何まいになるでしょう。

( )

❷ さやかさんは，10このみかんを弟と2人で同じ数ずつ分けました。
さやかさんは，そのうち3こを食べました。
さやかさんのみかんは，何このこっているでしょう。

( )

❸ あおいさんは，おはじきを40こ持っていました。
きょう，お母さんから12こもらったおはじきを，妹と2人で同じ数ずつ分けました。
あおいさんのおはじきは，何こになったでしょう。

( )

❹ かごが10こあります。24このかきを，1かごに6こずつ入れました。
かきの入っていないかごは，いくつのこっているでしょう。

( )

❺ ひろのりさんは，半紙を15まい持っていました。
きょう，1まい8円の半紙を40円分買いました。半紙は，全部で何まいになったでしょう。

( )

テストに出る問題

答え　べっさつ6ページ
時間20分　合かく点80点

とく点　／100

1 あかねさんは色紙を30まい持っていました。きょう，おばさんから18まいもらったので，それを，妹と2人で同じ数ずつ分けました。

あかねさんの色紙は，何まいになったでしょう。〔20点〕

〔　　　　　　〕

2 皿が10まいあります。

ケーキ18こを，1皿に3こずつのせました。

皿は何まいあまるでしょう。〔20点〕

〔　　　　　　〕

3 36人の子どもが，同じ人数の4つのはんに分かれて，毎日1つのはんが花だんの手入れをします。

きょうのはんは，2人けっせきです。何人で花だんの手入れをするのでしょう。〔20点〕

〔　　　　　　〕

4 1まい8円の画用紙を40円分だけ買って，そのうち2まいを弟にあげました。

画用紙は，何まいのこっているでしょう。〔20点〕

〔　　　　　　〕

5 男の子30人が，同じ人数の6つの組に分かれてそうじをしていました。

そこへ，女の子が3人来て，いちばんおくれているりょうさんの組へ入って，手つだいました。

りょうさんの組は，何人になったのでしょう。〔20点〕

〔　　　　　　〕

3 答えが九九に ならないわり算

 問題 1　何十のわり算

60まいの色紙を，1人に3まいずつ分けると，何人に分けられるでしょう。

コーチ

● 60÷3の計算をもとに考えます。

 考え方　60÷3のわり算をします。

60は10が6こ。

60÷3の答えは，

10が　6÷3＝2（こ）

だから

　　60÷3＝20

答 20人

 問題 2　わられる数を分ける

69このりんごを3こずつかごにもります。かごは何こひつようでしょうか。

コーチ

● 倍をもとめるときは，わり算を使います。

 考え方　69を60と9に分けて考えてみましょう。

60

9

　60÷3＝20

　9÷3＝3

　だから，あわせて23

答 23こ

教科書のドリル

答え → べっさつ7ページ

1 次のわり算をしましょう。

(1) 40÷2　　　(2) 80÷4　　　(3) 90÷3

(4) 60÷2　　　(5) 70÷7　　　(6) 90÷9

2 次のわり算をしましょう。

(1) 24÷2　　　(2) 48÷4　　　(3) 93÷3

(4) 68÷2　　　(5) 42÷2　　　(6) 77÷7

3 チョコレートが30こあります。

(1) 6人に同じ数ずつ分けます。
1人分は何こでしょう。

(　　　　　　　)

(2) 1人に3こずつ分けると，何人に分けられるでしょう。

(　　　　　　　)

4 66円で，きゅうりがちょうど2本買えました。
きゅうりは1本何円でしょう。

(　　　　　　　)

テストに出る問題

とく点 ／100

1 次のわり算をしましょう。〔5点ずつ…合計45点〕

(1) 60÷6　　(2) 80÷2　　(3) 99÷9

(4) 50÷5　　(5) 82÷2　　(6) 86÷2

(7) 36÷3　　(8) 39÷3　　(9) 66÷6

2 3年生は，80人います。〔11点ずつ…合計22点〕

(1) 8このはんに分けます。
1はんの人数は何人になるでしょう。

〔　　　　　〕

(2) 4人ずつのはんに分けると，はんはいくつできるでしょう。　〔　　　　　〕

3 みゆさんがきのうおふろに入った時間は，39分間でした。歯をみがいた時間は3分間でした。おふろに入った時間は，歯をみがいた時間の何倍ですか。〔11点〕　〔　　　　　〕

4 84問ある算数の問題を，毎日同じ数ずつといて4日間でしあげようと思います。1日何問とけばよいでしょう。　〔11点〕　〔　　　　　〕

5 99さつの本を，9人が同じ数ずつ図書室に運びます。1人何さつ運べばよいでしょう。〔11点〕

〔　　　　　〕

暗号を見やぶれ

答え→141ページ

みゆさんが，たかひとさんに暗号の手紙を出したら，たかひとさんから返事がきました。暗号を見やぶって，手紙を読みましょう。

それぞれの式の計算をして，答えにあたるひらがなを□に書きます。

3	7	8	10	12	15	18	19	20	32	38	42	48	54
ね	び	じ	ん	よ	ち	に	う	か	て	い	き	た	ょ

9×2	3×5	4×3	20−1	63÷9
に				

6×8	30÷3	40÷5	9×6	12+7

10×2	29+9	7×6	4×8	27÷9

2	4	5	6	9	10	15	24	30	32	50	63
が	り	ん	あ	こ	う	ろ	よ	と	い	で	く

48÷8	28÷7	10÷5	10×3	60÷6
あ				

3×8	5×3	81÷9	35÷7	10×5

4×8	7×9	6×4

4 大きな数の たし算・ひき算

★ たし算

▶ 273+186の計算を, 筆算で
しましょう。

① 273
  +186
  ‾‾‾‾‾
     9
  3+6=9

② ₁273
  +186
  ‾‾‾‾‾
    59
  7+8=15

③ ₁273
  +186
  ‾‾‾‾‾
   459
  1+2+1=4

① 位をそろえて書く。
3+6の計算をする。

② 7+8の計算をする。
百の位に1をくり上げる。

③ 1くり上げたので,
1+2+1の計算をする。

★ ひき算

▶ 527−175の計算を, 筆算で
しましょう。

① 527
  −175
  ‾‾‾‾‾
     2
  7−5=2

② ⁴¹²527
  −175
  ‾‾‾‾‾
    52
  12−7=5

③ ⁴527
  −175
  ‾‾‾‾‾
   352
  4−1=3

① 位をそろえて書く。
7−5の計算をする。

② 百の位から1をくり下げて
12−7の計算をする。

③ 1くり下げたので, 4−1の
計算をする。

33

1 たし算の筆算

問題1 たし算のしかた(1)

ビスケットとキャンディーのねだんは，右のとおりです。2つとも買うと，ねだんは何円になるでしょう。

122円

131円

コーチ

● 計算ぼうを頭の中で考えるとよいでしょう。
● 大きな数のたし算でも，位をそろえて一の位から計算していきます。

考え方 122＋131のたし算をします。

$$\begin{array}{r} 122 \\ +131 \\ \hline 3 \end{array}$$ ➡ $$\begin{array}{r} 122 \\ +131 \\ \hline 53 \end{array}$$ ➡ $$\begin{array}{r} 122 \\ +131 \\ \hline 253 \end{array}$$

一の位を計算　　十の位を計算　　百の位を計算

答 253円

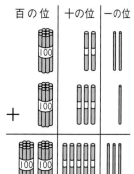

| 百の位 | 十の位 | 一の位 |

問題2 たし算のしかた(2)

116＋227の計算のしかたを考えましょう。

コーチ

● 一の位の6＋7＝13の計算で，くり上がりがあることに気をつけます。
● 計算ぼうで考えると，次のようになります。

考え方

$$\begin{array}{r} 116 \\ +227 \\ \hline 3 \end{array}$$ ➡ $$\begin{array}{r} 116 \\ +227 \\ \hline 43 \end{array}$$ ➡ $$\begin{array}{r} 116 \\ +227 \\ \hline 343 \end{array}$$

6＋7＝13
十の位へ
1くり上げる

くり上がった
1もたして
1＋1＋2＝4

答 343

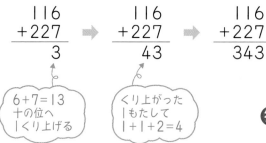
ここで10のたばができあがるので，十の位へ1くり上げる

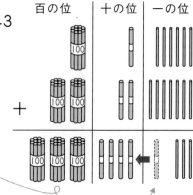

| 百の位 | 十の位 | 一の位 |

たいせつ
ポイント たし算の筆算では，位をそろえて，一の位から計算していきます。
くり上がりにも気をつけます。

問題3 たし算のしかた(3)

169＋187の計算のしかたを考えましょう。

● 一の位も十の位
も，くり上がるこ
とに気をつけて，
正しく計算します。
● 筆算は位取りと，
くり上がりに気を
つけて，あわてず
計算します。

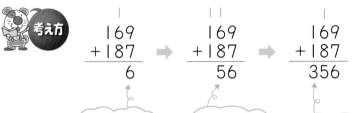

考え方

```
   ｜           ｜｜          ｜
  169         169         169
 +187        +187        +187
 ────  ⇒    ────   ⇒   ────
    6          56         356
```

9＋7＝16
十の位へ
｜くり上げる

1＋6＋8＝15
百の位へ
｜くり上げる

｜＋1＋1＝3

答 356

問題4 4けたの数のたし算

ある町の人数を調べると，男の
人が2889人，女の人が3205
人でした。この町の全体の人数
は何人でしょう。

2889人 ＋ 3205人

● 4けたの数をた
す場合も，同じよ
うに位をそろえて
計算します。
● 筆算は，次のこ
とに気をつけまし
ょう。

1. たてに位がそ
ろえてあるか。
2. 一の位からじ
ゅん番に計算し
ているか。
3. くり上がった
数は，すぐとな
りの上の位にた
しているか。

考え方 式は2889＋3205となります。4けたの数をた
す場合でも，同じように計算します。

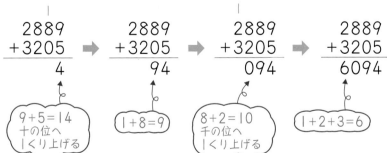

```
    ｜            ｜            ｜            ｜
  2889         2889         2889         2889
 +3205        +3205        +3205        +3205
 ─────  ⇒    ─────   ⇒   ─────   ⇒   ─────
     4           94          094         6094
```

9＋5＝14
十の位へ
｜くり上げる

1＋8＝9

8＋2＝10
千の位へ
｜くり上げる

｜＋2＋3＝6

答 6094人

教科書のドリル

答え → べっさつ8ページ

① たし算をしましょう。

(1)
```
  260
+ 102
```

(2)
```
  351
+ 438
```

(3)
```
  214
+ 602
```

(4)
```
  409
+ 550
```

② たし算をしましょう。

(1)
```
  240
+ 670
```

(2)
```
  156
+ 768
```

(3)
```
  395
+ 207
```

(4)
```
  441
+ 459
```

(5)
```
  145
+  94
```

(6)
```
   74
+ 387
```

(7)
```
  795
+   8
```

(8)
```
    3
+ 197
```

③ たし算をしましょう。

(1)
```
  2750
+  836
```

(2)
```
  3761
+  608
```

(3)
```
  2462
+ 3774
```

(4)
```
  6885
+ 1277
```

④ 1こ157円のりんごと，1皿398円のぶどうを買いました。

あわせていくらはらったでしょう。

(   )

| 157円 | 398円 |

⑤ 遊園地に子どもが2248人，大人が2186人います。

みんなで何人いるでしょう。

(   )

テストに出る問題

答え → べっさつ8ページ
時間30分　合かく点80点

とく点　／100

1 たし算をしましょう。〔5点ずつ…合計40点〕

(1)　　233
　　　+424

(2)　　402
　　　+360

(3)　　438
　　　+528

(4)　　647
　　　+282

(5)　　389
　　　+536

(6)　　515
　　　+688

(7)　　3809
　　　+2263

(8)　　3638
　　　+4362

2 運動会で使う玉入れの玉を数えたら，赤が287こ，白が294こありました。
玉はあわせて何こあるでしょう。〔10点〕

〔　　　　　〕

3 えりかさんの学校の，高学年用の図書室には本が5384さつ，てい学年用の図書室には3846さつあります。あわせて何さつあるでしょう。〔15点〕

〔　　　　　〕

4 たかひろさんの学校の男の子は347人です。
女の子は男の子より18人多いそうです。
男女あわせて何人でしょう。〔15点〕

〔　　　　　〕

5 次の□にあてはまる数を答えましょう。〔10点ずつ…合計20点〕

(1)　　2□6
　　　+312
　　　─────
　　　　548

(2)　　256
　　　+3□8
　　　─────
　　　　584

2 ひき算の筆算

問題 1 ひき算のしかた(1)

チョコレートとキャラメルのねだんは，右のとおりです。チョコレートのほうが，何円高いでしょう。

 268円 156円

 コーチ

● けた数が多くなっても，一の位からじゅんに計算します。

● 計算ぼうで考えると，次のようになります。

 考え方　268－156のひき算をします。

$$\begin{array}{r} 268 \\ -156 \\ \hline 2 \end{array}$$ ➡ $$\begin{array}{r} 268 \\ -156 \\ \hline 12 \end{array}$$ ➡ $$\begin{array}{r} 268 \\ -156 \\ \hline 112 \end{array}$$

一の位を計算 　十の位を計算 　百の位を計算

答 112円

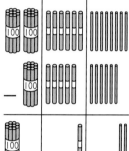

百の位｜十の位｜一の位

問題 2 ひき算のしかた(2)

333－118の計算のしかたを考えましょう。

 コーチ

● 一の位の計算で，くり下がりのあることに気をつけます。

● 計算ぼうで考えると，次のようになります。

考え方

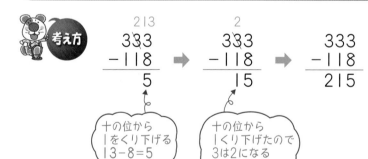

$$\begin{array}{r} \overset{213}{333} \\ -118 \\ \hline 5 \end{array}$$ ➡ $$\begin{array}{r} \overset{2}{333} \\ -118 \\ \hline 15 \end{array}$$ ➡ $$\begin{array}{r} 333 \\ -118 \\ \hline 215 \end{array}$$

十の位から1をくり下げる13－8＝5

十の位から1くり下げたので3は2になる2－1＝1

答 215

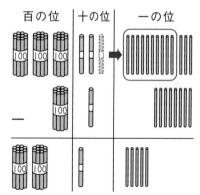

百の位｜十の位｜一の位

38 4 大きな数のたし算・ひき算

ひき算の筆算では, 位をそろえて, 一の位から計算していきます。
くり下がりにも気をつけます。

たいせつポイント

問題3　ひき算のしかた(3)

543−365を計算しましょう。
また, 答えのたしかめをする計算をしましょう。

コーチ

● 一の位も十の位も, くり下がることに気をつけて, 正しく計算します。
● 筆算は, 位取りとくり下がりに気をつけて計算します。
● ひき算の答えのたしかめは, ひく数と答えをたした数が, ひかれる数になっているかどうかでたしかめます。
● (ひく数)＋(答え)＝(ひかれる数)

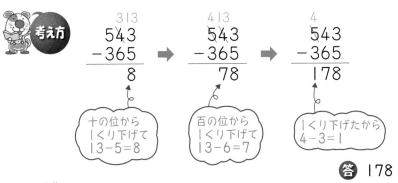

考え方

```
  313          413           4
  543          543          543
 −365    ➡   −365    ➡    −365
    8           78          178
```

十の位から1くり下げて 13−5=8
百の位から1くり下げて 13−6=7
1くり下げたから 4−3=1

答 178

ひく数(365)と答え(178)をたして, ひかれる数(543)になるかどうかでたしかめます。

```
   543    たしかめは    365
  −365               ＋178
   178                543
```

「ちゃんと543になったから, 543−365の答えは178であっている」ということ。

問題4　4けたの数のひき算

8065−4159を計算しましょう。

コーチ

● 4けたの数のひき算も, 同じように位をそろえて計算します。

考え方

3けたの数のひき算と同じように一の位から計算します。

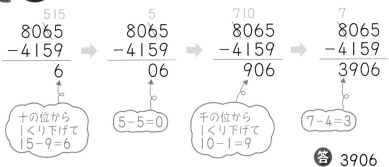

```
   515          5            710          7
  8065        8065          8065         8065
 −4159   ➡  −4159    ➡   −4159   ➡  −4159
     6          06           906         3906
```

十の位から1くり下げて 15−9=6
5−5=0
千の位から1くり下げて 10−1=9
7−4=3

答 3906

教科書のドリル

答え → べっさつ9ページ

1 ひき算をしましょう。

(1)
```
  458
 -133
```

(2)
```
  729
 -615
```

(3)
```
  493
 - 81
```

(4)
```
  327
 -  5
```

2 ひき算をしましょう。

(1)
```
  535
 -154
```

(2)
```
  234
 - 41
```

(3)
```
  463
 -249
```

(4)
```
  380
 - 72
```

(5)
```
  356
 -189
```

(6)
```
  633
 -274
```

(7)
```
  504
 -236
```

(8)
```
  600
 -143
```

3 ひき算をしましょう。

(1)
```
  6018
 -5109
```

(2)
```
  9402
 -3620
```

(3)
```
  7752
 -5773
```

(4)
```
  5345
 -2348
```

4 赤いはたと青いはたが，あわせて225本あります。
そのうち，赤いはたは167本です。
青いはたは何本あるでしょう。

(   )

5 学校に画用紙が4153まいありました。
1学期に1867まい使いました。
画用紙は何まいのこっているでしょう。

(   )

1 ひき算をしましょう。〔5点ずつ…合計40点〕

(1)
```
  896
 -365
```

(2)
```
  593
 -270
```

(3)
```
  809
 -209
```

(4)
```
  384
 -126
```

(5)
```
  607
 -386
```

(6)
```
  543
 -259
```

(7)
```
  8460
 -7386
```

(8)
```
  9004
 -3882
```

2 ひさとさんは，どんぐりを215こ，弟のひろとさんは178こ拾いました。
ひさとさんは，ひろとさんより何こ多く拾ったのでしょう。〔10点〕

〔　　　　　〕

3 ふゆみさんの学校の3年生は207人です。
そのうち，女の子は109人です。
男の子は何人でしょう。〔15点〕

〔　　　　　〕

4 5006円持っていました。お店で1338円使いました。
何円のこっているでしょう。〔15点〕

〔　　　　　〕

5 次の□にあてはまる数を答えましょう。〔10点ずつ…合計20点〕

(1)
```
   5 4 3
 -2 □ 1
 ───────
   2 8 2
```

(2)
```
   4 □ 2
 -1 5 9
 ───────
   3 2 3
```

たし算・ひき算を暗算で

答え→141ページ

26+39を暗算でしましょう。
どんなやり方がありますか？

ゆうこ

はーい，先生！わたしは
　20+30=50
　6+9=15
　50+15=65
としました。

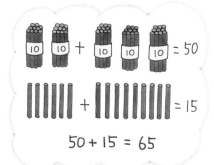

50 + 15 = 65

こうた

先生！ぼくは，39に1たして40
　26+40=66
これから1をひいて
　66-1=65
としました。

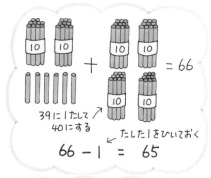

= 66

39に1たして
40にする

たした1をひいておく

66 - 1 = 65

ゆみ

はーい，先生！わたしは，
　26に4たして30
　39に1たして40
　30+40=70としました。
ここから4と1をひいて，
　70-4-1=65としました。

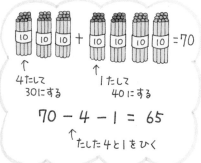

=70

4たして
30にする

1たして
40にする

70 - 4 - 1 = 65

たした4と1をひく

先生

なかなかいいわね。
みんなよくできました。

練習 次の計算を暗算でしましょう。

(1) 14+52　(2) 12+28　(3) 16+18　(4) 29+29

次は54－28を暗算でしてみましょう。
どんなやり方があるかな？

ともみ

わたしは，54を14と40に分けて考え
14－8＝6
40－20＝20
20＋6＝26としました。

まさき

はーい，先生。
50－28＝22
50は54より4小さいから，4をたして
22＋4＝26
同じように
54－20＝34
さらに8をひいて
34－8＝26でもできます。

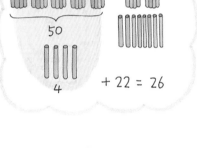

50

4

＋ 22 ＝ 26

はるか

わたしは，一の位の数をなくそうと思います。
54－24＝30
これから，さらに4をひいて
30－4＝26
としました。

まずこの24をとる

のこり30から
4をさらにとる

先生

みんなよくできたわね。すばらしい。

練習　次の計算を暗算でしましょう。

(1) 27－12　　(2) 49－28　　(3) 52－29　　(4) 24－16

「横のかぎ」の答えは，１字ずつ横にならべて書きましょう。
「たてのかぎ」の答えは，１字ずつたてにならべて書きましょう。

横のかぎ

あ　547
　　−250

う　210
　　−176

お　328
　　−247

き　527
　　＋299

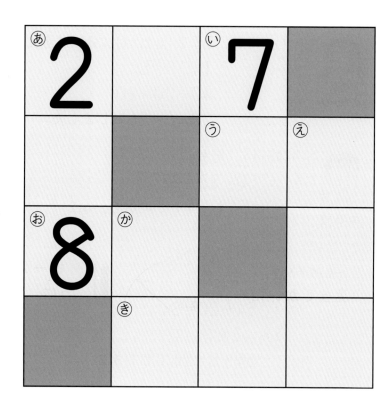

たてのかぎ

あ　645
　　−387

い　462
　　−389

え　209
　　＋197

か　421
　　−403

5 円と球

☆ 円

直径
半径
中心

▶ コンパスを使ってかいたまるい形を円といいます。

▶ 中心…コンパスのはりをさしたまん中の点

▶ 半径…中心から円のまわりまででひいた直線

1つの円では，半径はどれも同じ長さです。

▶ 直径…中心を通り，まわりからまわりまでひいた直線

❶ 1つの円では，直径はどれも同じ長さです。

❷ 直径の長さは半径の長さの2倍です。

☆ 球

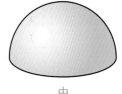

中心
半径
直径

▶ ボールのように，どこから見ても円に見える形を球といいます。

▶ 球をま二つに切ったとき，切り口の円の中心，半径，直径をそれぞれ

球の中心，半径，直径といいます。

1 円と球

問題 1 円と中心

コンパスの先を3cmにひらいて，まるい形のこまを
つくります。
こまのしんぼうは，どこにさしたらよいでしょうか。

 考え方 円をかくには，コンパスを使います。
コンパスのはりをさしたところが，円の中心です。
こまのしんぼうは，ここにさします。

答 円の中心

● 下のような，ま
るい形を円といい
ます。

問題 2 円の直径

紙に半径3cmの円をかいて切り
ぬき，半分におります。
(1) おりめの直線の名前をいい
　　ましょう。
(2) おりめの直線の長さは，何cmでしょう。

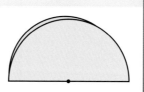

● 直径の長さは，
半径の長さの2倍
です。

円の中心を見つけ
るには，きちんと
円を2回おればよい。

 考え方 (1) おりめの中心を通り，
　　まわりからまわりまで
　　ひいた直線です。
　　　　　　答 直径
(2) おりめは直径ですから，半径の2
　　倍です。

　　　3×2＝6

　　　　　答 6cm

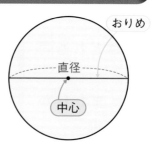

たいせつ
ポイント

直径の長さは，半径の長さの2倍。
球の切り口は，どのように切っても円。

問題3 半径と直径

円を2つかきました。
(1) 大きい円の半径は何cmで
しょう。
(2) 小さい円の半径は何cmで
しょう。

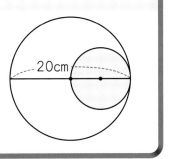

● コンパスは，長
さをうつすときに
も使います。

(1) 半径の長さは，直径の長
さの半分です。

20÷2＝10

答 10cm

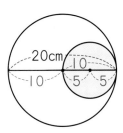

(2) 小さい円の直径は，大きい円の半径
と同じで10cmです。

10÷2＝5　　　答 5cm

問題4 球

右の図は，球をま二つに切ったも
のです。
(1) 切り口は，どんな形をしてい
るでしょう。
(2) イの長さをもとめましょう。

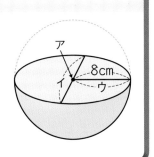

● 球…ボールのよ
うに，どこから見
ても円に見える形

(1) 球の切り口は，どのように切っても円です。

答 円

(2) 球をま二つに切っているので，アは球の中心，
イは直径，ウは半径です。

直径の長さは，半径の長さの2倍ですから，

イの長さ→　　　　8×2＝16

答 16cm

地球は大きな
球です。

教科書のドリル

答え → べっさつ10ページ

1 右の円や球で,
⑦, ⑦, ⑦, ⑦, ⑦, ⑦は,
それぞれ何というでしょう。

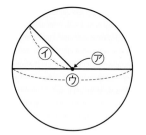 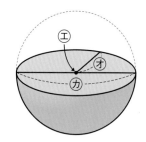

⑦(   ), ⑦(   ),

⑦(   ), ⑦(   ),

⑦(   ), ⑦(   )

2 ☐にあてはまることばを書き入れましょう。

(1) 円や球の半径の長さの2倍は, ☐ の長さです。

(2) 直径は, 円や球の ☐ を通ります。

3 右のように, 大きい円の中に, 小さい円をかきました。

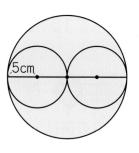

(1) 小さい円の直径は, 何cmでしょう。

(   )

(2) 大きい円の直径は, 何cmでしょう。

(   )

4 コンパスを使って調べましょう。

(1) ⑦からはかって, ⑦までと同じきょりのところにある点は, いくつあるでしょう。

(   )

(2) ⑦からはかって, ⑦より遠いところにある点は, いくつあるでしょう。

(   )

(3) ⑦からはかって, ⑦より近いところにある点は, いくつあるでしょう。

(   )

テストに出る問題

答え→べっさつ11ページ

時間**20**分　合かく点**80**点　とく点　／100

1 右の図のように，正方形の中に，きっちり入るように円をかきました。〔10点ずつ…合計30点〕

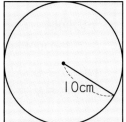

(1) この円の直径の長さは，何cmでしょう。

〔　　　　　　〕

(2) この正方形の1つの辺の長さは，何cmでしょう。

〔　　　　　　〕

(3) この正方形のまわりの長さは，何cmになるでしょう。〔　　　　　　〕

2 右の図のように，箱にボールが6こ，きっちり入っています。〔10点ずつ…合計20点〕

(1) このボールの直径は，何cmでしょう。

〔　　　　　　〕

(2) この箱の⑧の長さは何cmでしょう。

〔　　　　　　〕

3 　　　の中に，あてはまることばや数を入れましょう。〔10点ずつ…合計50点〕

(1) コンパスで円をかいたとき，はりをさした点を円の　　　　　といいます。

(2) 円の中心から，円のまわりまでひいた直線を円の　　　　　といいます。

(3) 半径が6cmの円の直径は　　　　cmです。

(4) 球を切ったときの切り口の形は　　　　です。

(5) 直径が20cmの球の半径は　　　　cmです。

学校はどこ？

答え → 141ページ

下の図は，ひろのりさんの町の地図です。ものさしで，学校といろいろな
たてものの間の長さをはかってみました。みんなの話を聞いて，どのたて
ものが学校か当てましょう。地図も長さもそのままの大きさです。のばし
たりちぢめたりしていません。

6 あまりのある わり算

教科書の
まとめ

⭐ あまりのあるわり算

▶ 「16本のえんぴつを3人に分けると，5本ずつ分けられて，|本あまります。」
このことを，式で次のように書きます。

わる数　　あまり

$$16 \div 3 = 5 \text{あまり} 1$$

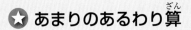

「16わる3は，5あまり|」と読みます。

⭐ わる数，あまり

▶ わり算のあまりは，いつもわる数より小さい。

⭐ 答えのたしかめ

▶ 16÷3=5あまり|の答えのたしかめは

$$3 \times 5 + 1 = 16$$

わる数　あまり　わられる数

1 あまりのあるわり算

問題1 あまりのあるわり算(1)

14このケーキを，4こずつ箱に入れます。
何箱できて，何こあまるでしょう。

考え方 14÷4のわり算をします。

14このケーキを，1箱に4こずつ入れると，3箱できて，2こあまります。

このことを，わり算の式で，次のように書きます。

14÷4＝3あまり2

「14わる4は，3あまり2」と読みます。

答 3箱できて，2こあまる

問題2 あまりのあるわり算(2)

コーチ

おはじきが23こあります。
5人に同じ数ずつ分けると，1人分は何こになって，何こあまるでしょう。

考え方 23÷5の答えを，九九を使ってもとめます。

「五四20」より答えは4で3あまります。

23÷5＝4あまり3

答 1人4こずつで，3こあまる

たいせつポイント わり切れないわり算では, あまりが出ます。
あまりはわる数より小さくなります。

コーチ

● あまりのあるわり算では, 答えのたしかめが大切です。

問題3 答えのたしかめ

クッキー25こを, 1人に4こずつあげると, 何人にあげられて, 何こあまるでしょう。

$$25 \div 4 = 6 あまり 1$$

答 6人, あまり1こ

この答えをたしかめましょう。

考え方 1人分の4こに, 人数の6をかけて, あまりの1こをたすと, 25こになることをたしかめます。

　　　　　← 6人分 →　　あまり

$$4 \times 6 + 1 = 25$$

1人分　人数　あまり　全体

問題4 あやまりさがし

コーチ

次のわり算のあやまりをみつけ, 正しい答えをもとめましょう。

(1)　$34 \div 5 = 7 あまり 1$

(2)　$48 \div 5 = 8 あまり 8$

● わり算では, わる数×答え+あまりがわられる数になるかどうかで, 答えが正しいかどうかたしかめられます。

● また, あまりがわる数より小さいかどうかもたしかめるひつようがあります。

考え方 (1)　答えをたしかめてみると, $5 \times 7 + 1 = 36$ となり, 正しくありません。正しくは

$$34 \div 5 = 6 あまり 4 \cdots 答$$

(2)　たしかめてみると,

$5 \times 8 + 8 = 48$ となりますが, あまりの8がわる数5より大きいので, 正しくありません。

正しくは, $48 \div 5 = 9 あまり 3 \cdots 答$

あまり8の中にもう1回5がとれるってわけだね。

6 あまりのあるわり算 **53**

教科書のドリル

答え→べっさつ11ページ

1 次のわり算をして，あまりも書きましょう。

(1) $5 \div 2 = $ ☐ あまり ☐

(2) $10 \div 3 = $ ☐ あまり ☐

(3) $15 \div 4 = $ ☐ あまり ☐

(4) $17 \div 5 = $ ☐ あまり ☐

(5) $40 \div 6 = $ ☐ あまり ☐

(6) $30 \div 7 = $ ☐ あまり ☐

(7) $38 \div 4 = $ ☐ あまり ☐

(8) $75 \div 9 = $ ☐ あまり ☐

2 ☐ にあてはまる数を書き入れましょう。

(1) ☐ $\div 6 = 5$

(2) ☐ $\div 9 = 8$

(3) ☐ $\div 3 = 4$ あまり 2

(4) ☐ $\div 5 = 7$ あまり 4

3 えんぴつが36本あります。
これを5人で同じ数ずつ分けると，1人分は何本に
なるでしょう。また，何本あまるでしょう。

(   )

4 3L6dL入りのやかんに，水がいっぱい入っています。
この水を，8dL入りの水とうに入れると，何この水とうをいっぱいにす
ることができるでしょう。また，水は何dLあまるでしょう。

(   )

5 50まいの色紙を，1人に6まいずつあげることに
しました。
何人にあげることができるでしょう。また，何まいあ
まるでしょう。

(   )

答え → べっさつ12ページ
時間30分　合かく点70点　とく点　／100

1 次のわり算をしましょう。〔5点ずつ…合計30点〕

(1) 20÷6　　　(2) 21÷3　　　(3) 27÷9

(4) 47÷7　　　(5) 54÷6　　　(6) 70÷8

2 ☐ にあてはまる数を書き入れましょう。〔5点ずつ…合計20点〕

(1) ☐÷9＝9あまり5　　　(2) ☐÷4＝5あまり3

(3) ☐÷6＝8あまり4　　　(4) ☐÷7＝7あまり1

3 35このみかんを4人で分けます。
同じ数ずつ分けると，1人分は何こになるでしょう。
また，何こあまるでしょう。〔10点〕

〔　　　　　　　　　　　　　　　〕

4 ノートが20さつあります。
1人に3さつずつあげると，何人にあげることができて，何さつあまるでしょう。〔10点〕

〔　　　　　　　　　　　　　　　〕

5 12月は31日あります。
これは，何週間と何日になるでしょう。〔10点〕

〔　　　　　　　　　　　〕

6 次のわり算にあやまりがあれば，正しく書きなおしましょう。

〔5点ずつ…合計20点〕

(1) 32÷4＝7あまり4　　　(2) 26÷5＝4あまり6

(3) 14÷5＝3あまり1　　　(4) 12÷5＝2あまり2

2 わり算の問題

問題 **1** あまりの考え方(1)

うちがわの長さが42cmの本立てがあります。
この本立てに、あつさが8cmの図かんを立てていきます。
何さつ立てられるでしょう。

● あまりのある問題では、あまりのしまつのしかたが大切です。

ものを分けるときはわり算です。

考え方 42÷8のわり算をします。

$$42 \div 8 = 5 \text{あまり} 2$$

5さつ立てられて、あと2cmあまります。

あまった2cmでは、図かんは立てられません。

答 5さつ

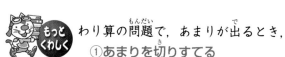
もっとくわしく わり算の問題で、あまりが出るとき、
①あまりを切りすてる
②あまりを1として答えにくり上げる
といった考え方があります。

問題 **2** あまりの考え方(2)

図かんが18さつあります。
1人で1回に4さつずつ運ぶと、何回で運び終わるでしょう。

● 左の問題では、あまりが1さつでもあれば、もう1回運ばなければなりません。

考え方 18÷4のわり算をします。

$$18 \div 4 = 4 \text{あまり} 2$$

4回運んで、2さつのこります。
もう1回、のこりの2さつを運ばなければなりません。

$$4 + 1 = 5$$

あまりのしまつです。

答 5回

教科書のドリル

答え → べっさつ12ページ

1 たまごが50こあります。
　　1箱に6こずつつめることにすると，何箱つめられるでしょう。

（　　　　　）

2 うちがわの長さが，25cmの本立てがあります。
本立てに，あつさが3cmの本を立てていくと，何さつ立てられるでしょう。

（　　　　　）

3 国語じてんが38さつあります。
　　このじてんをあやかさんは，1回に4さつずつ運びます。何回で運び終わるでしょう。

（　　　　　）

4 38人の子どもが，5人がけの長いすにかけています。
みんながかけるには，長いすが何きゃくいるでしょう。

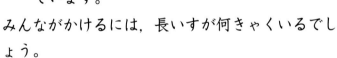

（　　　　　）

5 りんごを60ことりました。
　　7こずつ箱づめにしようと思っています。
ところが，7こずつつめていくと，さいごに7こにならない箱ができたそうです。
あと何ことってくると，全部7こずつの箱になるでしょう。

（　　　　　）

1 バザーで，ドーナツが8こ入ったセットをつくろうと思います。ドーナツは全部で67こつくってあります。全部で何セットできるでしょう。〔10点〕

〔　　　　　〕

2 子ども会でキャンプに行きます。
さんかする人は，全部で33人で，1つのテントには7人までねられます。
テントはいくつ用意すればよいでしょう。〔20点〕

〔　　　　　〕

3 絵はがき40まいを，画用紙にはります。
画用紙1まいに，絵はがきが6まいはれます。
絵はがきを全部はるには，画用紙が何まいいるでしょう。〔20点〕

〔　　　　　〕

4 赤いテープが50cm，青いテープが30cmあります。
どちらも9cmずつ切って，しおりを作ります。赤いほうが何まい多くできるでしょう。〔25点〕

〔　　　　　〕

5 体育の時間にリレーをすることになりました。
人数は43人で，1つのリレーチームは5人です。人数にはんぱがあるときは，5人チームいくつかと4人チームいくつかにするそうです。5人チームをできるだけ多くすると，5人チームと4人チームは，それぞれいくつずつできますか。〔25点〕

〔　　　　　〕

わり算の筆算

答え→141ページ

わり算にも，たし算，ひき算のように筆算があります。

▶ 65÷8の筆算

8)65 ◀ わられる数

わる数

このように，わる数とわられる
数を書きます。

$\begin{array}{r} 8 \\ 8)\overline{65} \end{array}$ ◀ 一の位を
そろえます

65の一の位の上に8を書きます。
これは，65の中に8が8こあるからです。

$\begin{array}{r} 8 \\ 8)\overline{65} \\ 64 \end{array}$ ◀ 8×8=64

8×8=64より，65の下に64を
そろえて書きます。

$\begin{array}{r} 8 \\ 8)\overline{65} \\ \underline{64} \\ 1 \end{array}$ ◀ ひき算の
筆算のように

ひき算の筆算のように65－64を計算し，
答えの1をその下に書きます。
この「1」が，あまりです。

答 8あまり1

練習 筆算を使って，次の計算をしましょう

(1) 56÷6   (2) 80÷9

動物さがし

答え → 141ページ

下の数のうち，5でわり切れる数のところを色でぬりましょう。
どんな動物が，あらわれるでしょう。

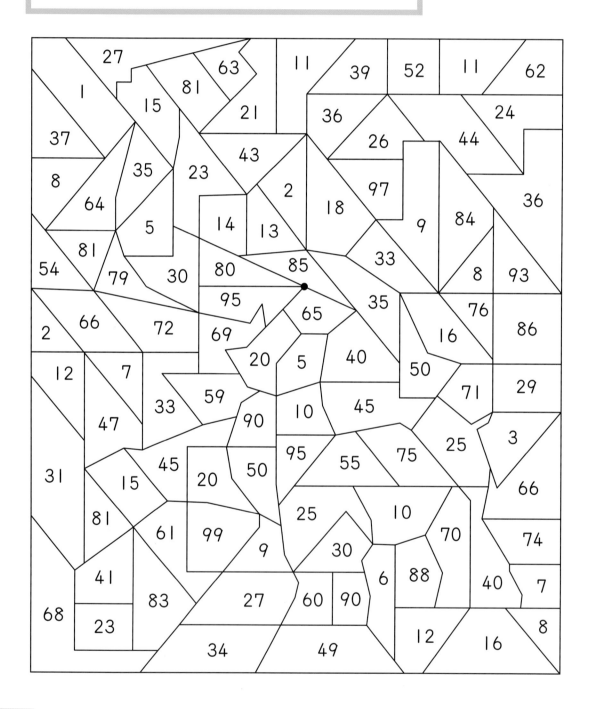

7 大きな数

教科書の
まとめ

⭐ 大きな数のしくみ

千の10倍は一万
一万の10倍は十万
十万の10倍は百万
百万の10倍は千万

⭐ 億

▸千万の10倍を一億といい，
100000000と書きます。

⭐ 数直線

▸下のような数の直線を**数直線**
といいます。

```
0              100           200
├──┴──┴──┴──┴──┼──┴──┴──┴──┴──┤
```

⭐ 大きな数のたし算・ひき算

▸たし算
23000＋50000＝73000
28万＋34万＝62万

▸ひき算
65000－31000＝34000
45万－18万＝27万

⭐ 10倍, 100倍した数・10でわった数

▸57を10倍した数
　570← 0が1つつく

▸24を100倍した数
　2400← 0が2つつく

▸3800を10でわった数
　380← 0が1つとれる

61

1 万の位，億の位

問題 1 万の位

せんぷうきを買って，下のようにお金をはらいました。いくらはらったのでしょう。

コーチ

● 1000を10こ集めた数を
10000
と書いて，
一万
と読みます。

2	3	3	5	2
一万の位	千の位	百の位	十の位	一の位

 **考え方**

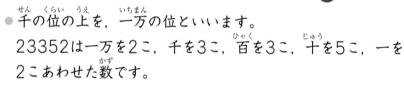

23352円

答 23352円

● 千の位の上を，一万の位といいます。

23352は一万を2こ，千を3こ，百を3こ，十を5こ，一を2こあわせた数です。

問題 2 大きな数の読み方

ある年の日本の女の人の数は，65419017人でした。この数を読んでみましょう。

コーチ

● 大きな数は，4けたごとにくぎると，読みやすくなります。

6	5	4	1	9	0	1	7
千万の位	百万の位	十万の位	一万の位	千の位	百の位	十の位	一の位

 考え方

一万の位から左へじゅんに，
十万の位，百万の位，千万の位
といいます。
65419017は，
「六千五百四十一万九千十七」…**答**
と読みます。

たいせつポイント

10000000を10こ集めた数を一億といい，100000000と表します。
数は10倍するごとに位が1つずつ上がります。

問題 3 数のしくみ

一億は千万の何倍でしょう。

一万までの数のしくみをもとにして考えましょう。

コーチ

● 10倍すると位が1つ上がります。

考え方

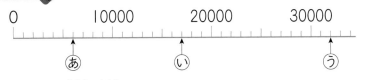

● 一万までの数

1の10倍は十	10
10の10倍は百	100
100の10倍は千	1000
1000の10倍は一万	10000

● 一億までの数

1万の10倍は十万	100000
10万の10倍は百万	1000000
100万の10倍は千万	10000000
1000万の10倍は一億	100000000

答 一億は千万の10倍

問題 4 大きな数と数直線

0　　10000　　20000　　30000

あ　　　　い　　　　　　　　う

(1) 上の数直線で，あ，い，うのめもりにあてはまる数は何でしょう。

(2) 23000と25000では，どちらのほうが大きいでしょう。不等号（<，>）を使って表しましょう。

コーチ

● ＝のしるしは等号，<，>のしるしは不等号といいます。

● 数直線では，右にいくほど大きい数になっています。

考え方

(1) 数直線の小さい1めもりは1000になっていることから，あ，い，うにあたる数を調べます。

答 あ6000　い17000　う32000

(2) 23000も25000も一万の位の数はどちらも2です。

千の位の数の大きさでくらべます。

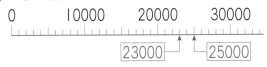

0　　10000　　20000　　30000

23000　　25000

答 23000<25000

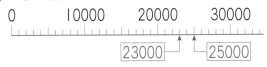

教科書のドリル

答え → べっさつ13ページ

① 数字で書きましょう。

(1) 七十八万六千三百七十五

( )

(2) 二十九万五百三十

( )

(3) 九千二百五十四万三千八百六

( )

(4) 二千六百四万

( )

② ( )にあてはまる数を書きましょう。

(1) 百万を2こ，一万を8こ，千を6こ，百を3こ，十を5こあわせた数は
( )です。

(2) 10000を36こ集めた数は( )で，10000を206こ
集めた数は( )です。

(3) 10000より1大きい数は( )で，10000より1小さい
数は( )です。

(4) 百万を100こ集めた数は( )です。

③ 下の数直線で，あ，い，う，えにあたる数を書きましょう。

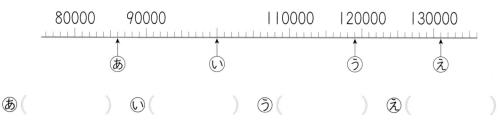

あ( ) い( ) う( ) え( )

④ ☐の中に，あてはまる＞，＜のしるしを書き入れましょう。

(1) 386542 ☐ 384562

(2) 4020504 ☐ 4020518

(3) 18529306 ☐ 18592630

テストに出る問題

答え → べっさつ14ページ
時間**20**分 合かく点**80**点

とく点 /100

1 みんなで何円でしょう。〔20点〕

〔　　　　　　　　　〕

2 あてはまる数を書き入れましょう。〔10点ずつ…合計20点〕

(1) 十万を6こ，一万を3こ，千を8こ，十を1こあわせた数は
〔　　　　　　　　　　〕です。

(2) 千万を5つと十万を4つあわせた数は〔　　　　　　　　　〕です。

3 数字で書きましょう。〔4点ずつ…合計20点〕

(1) 八万五千六百三十七　　　　　　(2) 七百九万三十
〔　　　　　　　　〕　　　　　　〔　　　　　　　　〕

(3) 百万千四百　　　　　　　　　　(4) 二千万八千六百
〔　　　　　　　　〕　　　　　　〔　　　　　　　　〕

(5) 一億
〔　　　　　　　〕

4 71493802について，答えましょう。〔5点ずつ…合計20点〕

(1) 7は何の位の数字でしょう。また，9は何の位でしょう。
〔　　　　　　　〕〔　　　　　　　〕

(2) 百万の位の数字は何でしょう。また十万の位の数字は何でしょう。
〔　　　　　　　〕〔　　　　　　　〕

5 下の数直線で，あ，いにあたる数は何でしょう。〔10点ずつ…合計20点〕

47800　　47900　　あ　　い　　48200　　48300

あ〔　　　　　　　〕　い〔　　　　　　　〕

7 大きな数　**65**

② 大きな数の計算

問題 ① 何千の計算

次の計算をしましょう。

(1) 16000＋32000　　(2) 48000－19000

● もとになるのは
(1)16＋32＝48
(2)48－19＝29
です。

1000がいくつ集まったものかを考えます。

(1) 16000は1000が16こ集まったもの。
32000は1000が32こ集まったもの。

たすと 16＋32＝48より，1000が48こ。

16000＋32000＝48000　　　答 48000

(2) 48000は1000が48こ集まったもの。
19000は1000が19こ集まったもの。

ひくと 48－19＝29より，1000が29こ。

48000－19000＝29000　　　答 29000

問題 ② 何万の計算

次の計算をしましょう。

(1) 24万＋38万　　(2) 72万－31万

● 数字で書くと
(1)240000＋380000
＝620000
(2)720000－310000
＝410000

1万がいくつ集まったものかを考えます。

(1) 24万は1万が24こ集まったもの。
38万は1万が38こ集まったもの。

たすと 24＋38＝62より，1万が62こ。

24万＋38万＝62万　　　答 62万

(2) 72万は1万が72こ集まったもの。
31万は1万が31こ集まったもの。

ひくと 72－31＝41より，1万が41こ。

72万－31万＝41万　　　答 41万

問題3 10倍，100倍した数

1まい25円の切手を買います。

(1) 10まいでは何円でしょう。

(2) 100まいでは何円でしょう。

● どんな数でも10倍すると，位が1つ上がり，もとの数の右に0を1こつけた数になります。

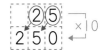

(1) 25×10の
かけ算をします。

200円

50円

$25 \times 10 = 250$

答 250円

(2) 25×100のかけ算をします。

100まいのねだんは，10まいのねだん250円の10倍。

$$25 \xrightarrow[\times 10]{} 250 \xrightarrow[\times 10]{} 2500$$

$25 \times 100 = 2500$

答 2500円

問題4 10でわった数

10こで250円のキャンディーは，1こ何円でしょう。

● 200や250のような数を10でわると，右はしの0を1つとった数になります。

250÷10のわり算をします。
250を 25 ×10と考えて

$$250 \div 10 = 25$$

0を1つとればよい

答 25円

$3500 \div 10 = 350$，$1000 \div 10 = 100$
わられる数の0を1つとればよいのです。

教科書のドリル

答え → べっさつ14ページ

1 次のたし算・ひき算をしましょう。

(1) 32000+25000

(2) 49000+14000

(3) 65000−54000

(4) 81000−56000

(5) 124万+61万

(6) 235万+346万

(7) 86万−53万

(8) 162万−126万

2 次のかけ算・わり算をしましょう。

(1) 85×10

(2) 670×10

(3) 19×100

(4) 360×100

(5) 4500÷10

(6) 67000÷10

3 右の表は, ひろのりさんとけんとさんの
ちょ金を表したものです。

(1) ひろのりさんとけんとさんのちょ金をあ
わせると, 何円になるでしょう。

(　　　　　　　　)

	ちょ金
ひろのり	74000円
けんと	63000円

(2) ひろのりさんのちょ金はけんとさんより何円多いでしょう。

(　　　　　　　　)

4 1に10円のキャンディーを200円分買い, そ
のうち, 8こ食べました。
あと何このこっているでしょう。

(　　　　　　　　)

テストに出る問題

答え→べっさつ15ページ 時間**20**分　合かく点**80**点　とく点 ／**100**

1 次の計算をしましょう。〔5点ずつ…合計20点〕

(1) 27000＋38000

(2) 72000－19000

(3) 434万＋258万

(4) 492万－337万

2 次の計算をしましょう。〔5点ずつ…合計30点〕

(1) 50×10

(2) 420×10

(3) 79×100

(4) 123×100

(5) 350000÷10

(6) 84000÷10

3 右のねだんのテレビとそうじきを買います。
あわせて何円になるでしょう。

〔25点〕

〔　　　　　〕

94000円　　36900円

4 あるバス会社は，去年は545万人，今年は702万人のお客を運びました。
今年は，去年より何人多くのお客を運んだでしょう。〔25点〕

〔　　　　　〕

何がつれたかな

答え → 141ページ

8 １けたの数を かけるかけ算

教科書の
まとめ

⭐ 23×3の筆算

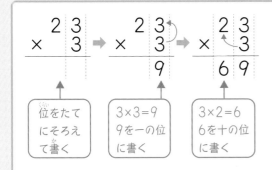

⭐ 46×7の筆算

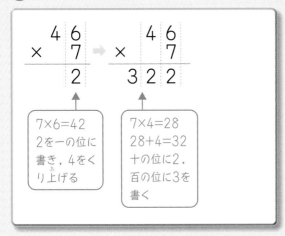

⭐ 376×4の筆算

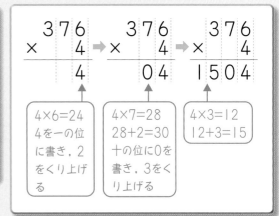

⭐ 3つの数のかけ算

かけるじゅんじょをかえても,
答えは同じです。

（れい）　$40×2×3$

$=40×6$ ──先に計算

$=240$

1 かけ算(2けた×1けた, 3けた×1けた)

(11ページもさん考にしてください。)

問題1 何十のかけ算

シールを1人に20まいずつ配ります。
6人に配るには，シールが何まいあればよいでしょう。

 20×6のかけ算で答えをもとめます。

$2 \times 6 = 12$

↓10倍　　　↓10倍

$20 \times 6 = 120$

答 120まい

 かけられる数が10倍になっていると，答えも10倍になっているね。

 コーチ

〔何十，何百のかけ算〕

かけられる数が10倍になると，答えも10倍になります。
かけられる数が100倍になると，答えも100倍になります。

$3 \times 5 = 15$

↓100倍　　　↓100倍

$300 \times 5 = 1500$

問題2 2けた×1けた

次のかけ算を筆算でしましょう。

(1) 17×4　　　(2) 68×9

コーチ

〔かけ算の筆算〕
①数字をたてにそろえます。
②一の位から，かけていきます。
③くり上がった数をおぼえておきます。

---

 (1)

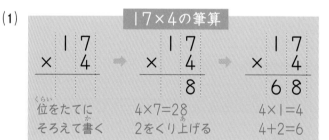

17×4の筆算

位をたてにそろえて書く　　4×7=28　2をくり上げる　　4×1=4　4+2=6

答 68

(2)

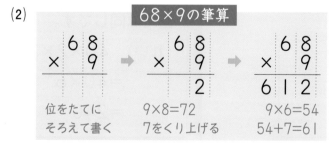

68×9の筆算

位をたてにそろえて書く　　9×8=72　7をくり上げる　　9×6=54　54+7=61

答 612

3けたの数のかけ算の筆算でも，2けたのときと同じように計算します。
3つの数のかけ算では，計算するじゅんじょをかえてもかまいません。

問題**3** 3けた×1けた

コーチ

1mのねだんが845円の
ぬのを3m買います。
代金は，何円になるでしょう。

● くり上がりが3
回あります。計算
に注意しましょう。

考え方

845×3のかけ算で答えをもとめます。

845×3の筆算

$$\begin{array}{r} 8\,4\,5 \\ \times\quad 3 \\ \hline 5 \end{array}$$ ➡ $$\begin{array}{r} 8\,4\,5 \\ \times\quad 3 \\ \hline 3\,5 \end{array}$$ ➡ $$\begin{array}{r} 8\,4\,5 \\ \times\quad 3 \\ \hline 2\,5\,3\,5 \end{array}$$

3×5=15
1をくり上げる

3×4=12
12+1=13
1をくり上げる

3×8=24
24+1=25

答 2535円

問題**4** 3つの数のかけ算

コーチ

30×2×4のような，3つの数のかけ算のしかたを
考えましょう。

〔多くの数のかけ算〕

計算するじゅん
じょをかえても
答えは同じ
になります。

考え方

■じゅんにかける
30×2=60
60×4=240
(30×2)×4
└先に計算する
=60×4
=240

■2×4を先に計算
2×4=8
30×8=240
30×(2×4)
└先に計算する
=30×8
=240

3つの数のかけ算は，
どこから計算しても
よいのです。

教科書のドリル

答え→べっさつ15ページ

1 次のかけ算をしましょう。

(1) 70×2

(2) 30×8

(3)
```
    21
×    4
─────
```

(4)
```
    32
×    3
─────
```

(5)
```
    23
×    4
─────
```

(6)
```
    49
×    2
─────
```

(7)
```
    84
×    5
─────
```

(8)
```
    43
×    6
─────
```

(9)
```
    36
×    9
─────
```

(10)
```
    75
×    8
─────
```

2 次のかけ算をしましょう。

(1) 400×9

(2) 600×5

(3)
```
   212
×    4
─────
```

(4)
```
   812
×    3
─────
```

(5)
```
   423
×    7
─────
```

(6)
```
   168
×    8
─────
```

(7)
```
   768
×    9
─────
```

(8)
```
   736
×    3
─────
```

(9)
```
   806
×    5
─────
```

(10)
```
   603
×    8
─────
```

3 1mが75円のリボンがあります。このリボンを5m買うと何円でしょう。

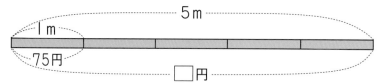

5m

1m

75円

□円

(   )

4 1人に1m25cmずつリボンを配って，かざりをつくります。
8人に配るには，リボンは何mいるでしょう。

(   )

テストに出る問題

答え → べっさつ16ページ
時間20分　合かく点80点　とく点 ／100

1 次のかけ算をしましょう。〔5点ずつ…合計50点〕

(1)
```
   17
×   4
```

(2)
```
   48
×   2
```

(3)
```
   39
×   3
```

(4)
```
   76
×   5
```

(5)
```
  192
×   4
```

(6)
```
  878
×   8
```

(7)
```
  487
×   7
```

(8)
```
  594
×   6
```

(9)
```
  625
×   4
```

(10)
```
  604
×   5
```

2 36こ入りのりんごの箱が，8箱あります。
りんごは全部で何こあるでしょう。〔15点〕

〔　　　　　〕

3 1ぴき435円のねったい魚を3びき買いました。
代金は何円でしょう。〔15点〕

〔　　　　　〕

4 1こ60円のドーナツを，1箱に2こずつ入れてもらいます。
3箱買うと，代金は何円になるでしょう。ただし，箱代はかかりません。

〔20点〕

〔　　　　　〕

かけ算の暗算

答え→ 141ページ

▶32×3の暗算のしかた

32は30より大きい
から，30×3＝90より
は大きいですね。

練習1 次のかけ算を，暗算でしましょう。

(1)　23×2　　　　　(2)　32×4　　　　　(3)　43×3

▶24×4の暗算のしかた

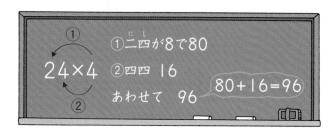

練習2 次のかけ算を，暗算でしましょう。

(1)　13×5　　　　　(2)　12×7　　　　　(3)　23×4

(4)　44×6　　　　　(5)　56×4　　　　　(6)　58×3

(7)　37×4　　　　　(8)　43×7　　　　　(9)　38×9

9 長さ

教科書の
まとめ

☆ 道のり

▶ 道にそってはかった長さ。

☆ きょり

▶ まっすぐにはかった長さ。

たくみの家

たくみの家から
駅までの道のり

たくみの
家から駅まで
のきょり

駅

☆ 長 さ

▶ 長い道のりやきょりをはかる
たんいにキロメートルがありま
す。

１キロメートル…１km

1 km

１km…１０００m

▶ 短い長さのたんいに，m，cm，
mmがあります。

１mm　　　１m　　　１km
　　　１０００倍　　１０００倍

1 長さ

問題1 まきじゃくとものさし

次の長さをはかるには，ものさしとまきじゃくのどちらを使えばよいでしょう。

あ 池のまわり　　い はがきの横の長さ

う ろうかの長さ　　え ノートのあつさ

● 長いものの長さや，まわりの長さをはかるときは，**まきじゃく**を使います。

考え方 まきじゃくは，1mよりも長いものや，まわりの長さをはかるときに使います。

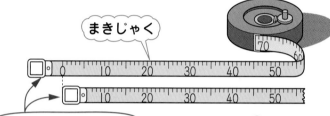

まきじゃく

0のめもりにあたるところがちがうものがある

答 ものさし…い，え
　　まきじゃく…あ，う

問題2 キロメートル

東山市の運動公園のトラックは，1まわりすると400mだそうです。

3回まわると，長さは何km何mになるでしょう。

● 1000mを1キロメートルといい，1kmと書きます。
1km＝1000m

長い道のりを表すには，kmを使います。

考え方 3回まわると

400×3＝1200（m）

1000m＝1kmですから，

1200m＝1km200m

答 1km200m

教科書のドリル

答え → べっさつ16ページ

1 次の長さをはかるには，ものさしとまきじゃくのどちらを使えばよいでしょう。

ア　お寺にある木のみきのまわりの長さ　　　　　（　　　　　）
イ　本のたてと横の長さ　　　　　　　　　　　　（　　　　　）
ウ　校庭のトラック1しゅうの長さ　　　　　　　（　　　　　）

2 次の長さを表すときに使う，たんいをいいましょう。

ア　身長140（　　　　　）
イ　ノートのあつさ　5（　　　　　）
ウ　山の高さ　3776（　　　　　）

3 □にあてはまる数を書き入れましょう。

(1)　1km＝□ m　　　　　(2)　1m＝□ cm

(3)　1cm＝□ mm

4 学校からゆうびん局までの道のりをはかりました。50mのまきじゃくを使ってはかったら，まきじゃく2回分と30mありました。
学校からゆうびん局までの道のりは何mでしょう。

（　　　　　）

5 次の問いに答えましょう。

(1) 図書館から小学校までの道のりをもとめましょう。

（　　　　　）

図書館　　　家　　　　　　小学校
←800m→　←1km500m→

(2) 家から小学校までと，家から図書館までの道のりは，どれだけちがうでしょう。

（　　　　　）

テストに出る問題

1 あ，い，う，えのところのめもりは，何m何cmでしょう。

〔5点ずつ…合計20点〕

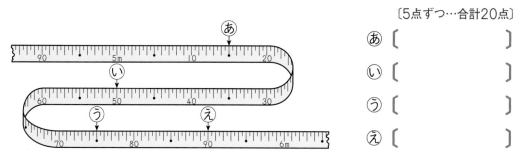

あ 〔　　　　　〕

い 〔　　　　　〕

う 〔　　　　　〕

え 〔　　　　　〕

2 □にあてはまる数を書き入れましょう。 〔6点ずつ…合計30点〕

(1) 5000m = □ km

(2) 2700m = □ km □ m

(3) 3km = □ m

(4) 4km600m = □ m

(5) 1km90m = □ m

3 次の計算をしましょう。〔4点ずつ…合計20点〕

(1) 1km500m + 3km300m

(2) 2km600m + 2km400m

(3) 8km600m − 500m

(4) 7km500m − 5km800m

(5) 2km − 500m

4 右の図は，駅からなおさんの家までの地図です。

〔10点ずつ…合計30点〕

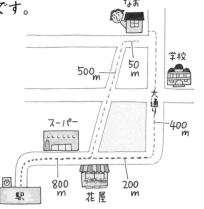

(1) 大通りを通って帰ると，道のりはどれだけでしょう。 〔　　　　　〕

(2) 花屋の前でまがると，道のりはどれだけでしょう。 〔　　　　　〕

(3) どちらの行き方のほうが，どれだけ近いでしょう。〔　　　　　〕

10 三角形

教科書の
まとめ

⭐ 二等辺三角形

▶ 2つの辺の長さが同じ三角形を，二等辺三角形といいます。

二等辺三角形

⭐ 正三角形

▶ 3つの辺の長さが同じ三角形を，正三角形といいます。

正三角形

⭐ 三角形と角

▶ 1つのちょう点から出ている2つの辺がつくる形を角といいます。

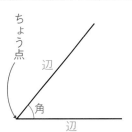

ちょう点
辺
角
辺

二等辺三角形には，同じ大きさの角が2つあります。

正三角形の3つの角の大きさは，どれも同じです。

二等辺三角形と正三角形

問題 1　二等辺三角形，正三角形

コンパスを使って，次の三角形を見つけましょう。

(1) 二等辺三角形　　(2) 正三角形

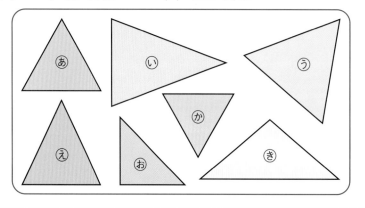

コーチ

● 二等辺三角形…
2つの辺の長さが
同じになっている
三角形

● 正三角形…3つ
の辺の長さが同じ
になっている三角
形

考え方

(1) 2つだけの辺の長さが同じ三角形です。

答 い，え，お，き

(2) 3つの辺の長さが同じ三角形です。　**答** あ，う，か

問題 2　二等辺三角形のかき方

辺の長さが4cm，6cm，6cmの二等辺三角形をかきましょう。

コーチ

● 長さをはかるの
に，コンパスを使
います。

考え方

① はじめに，4cmの直線アイをかきます。

② アとイの点を中心として，コンパスで半径
6cmの円をかきます。

③ 2つの円がまじわった点をウとして，アウ，
イウを直線でむすびます。

答 右の図

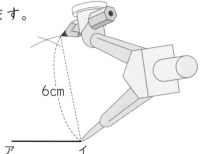

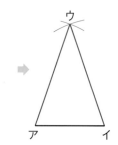

ア ···4cm··· イ

6cm

ア　　　イ

ウ

ア　　　イ

二等辺三角形（2つの辺の長さが同じ）は，2つの角の大きさが同じ。
正三角形（3つの辺の長さが同じ）は，3つの角の大きさが同じ。

問題3 三角じょうぎの角

コーチ

下の図は，三角じょうぎです。⑩の角と㋧の角では，
どちらのほうが大きいでしょう。

● 角の大きさは，
辺の長さにかんけ
いなく，辺の開き
だけで決まります。

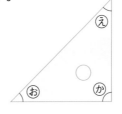

考え方

三角じょうぎを重ねて，
くらべます。

答 ㋧の角のほうが大きい

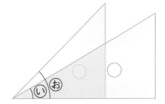

問題4 二等辺三角形・正三角形の角

コーチ

二等辺三角形や正三角形の角の大きさを調べましょ
う。

● 二等辺三角形で
は，2つの角の大
きさが同じです。
正三角形では，3
つの角の大きさが
同じです。

考え方

二等辺三角形と正三角形を紙にかいて切りぬき，
下のように，おって重ねます。

答 二等辺三角形…2つの角の大きさが同じ
正三角形…3つの角の大きさが同じ

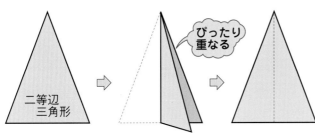

角の大きさは，辺の開き
ぐあいで，決まります。

教科書のドリル

答え➡べっさつ17ページ

① □ にあてはまることばや数字を書き入れましょう。

(1) 2つの辺の長さが同じ三角形を, □ といいます。

(2) 正三角形の □ つの角の大きさは, 同じです。

(3) 二等辺三角形の2つの角の大きさは □ です。

(4) 3つの辺の長さがみんな同じ三角形を, □ といいます。

② 右のように, 長方形の紙を2つにおり, アイの直線のところを切って広げます。

どんな三角形ができるでしょう。三角形の名前を書きましょう。

( )

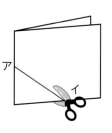

③ 次の三角形をかきましょう。

(1) 辺の長さが
5cm, 4cm,
5cmの二等辺
三角形

(2) 辺の長さが
どれも4cmの
正三角形

④ アの点, イの点を中心として, 半径5cmの円を2つかきました。

(1) ア, イ, ウの点を直線でつないでできる三角形の1辺の長さは何cmでしょう。

( )

(2) この三角形の名前をいいましょう。

( )

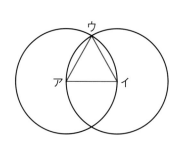

テストに出る問題

1 下の三角形について，次の問題に答えましょう。〔10点ずつ…合計20点〕

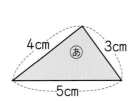 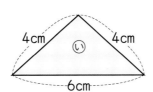 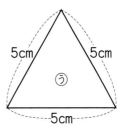

(1) 3つの角の大きさが，どれも同じである三角形はどれですか。

〔　　　　　〕

(2) 2つだけの角の大きさが，同じである三角形はどれですか。

〔　　　　　〕

2 右の図は，アの点を中心にした半径5cmの円を使ってかいた三角形です。〔15点ずつ…合計30点〕

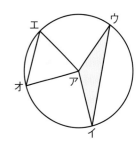

(1) アイウの三角形の名前を書きましょう。

〔　　　　　〕

(2) エオの辺の長さは5cmです。アエオの三角形の名前を書きましょう。

〔　　　　　〕

3 紙を2つにおって，点線のところを切りとります。
アイの長さを何cmにすると，正三角形ができるでしょう。〔20点〕

〔　　　　　〕

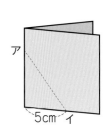

4 次の三角形の名前を書きましょう。〔15点ずつ…合計30点〕

(1) 3つの角の大きさが同じである三角形 〔　　　　　〕

(2) 辺の長さが5cm，6cm，5cmの三角形 〔　　　　　〕

正三角形の数

答え → 141ページ

次の図の中に，正三角形はいくつあるでしょう。
正三角形の大きさに分けて数えると，わかりやすいですね。

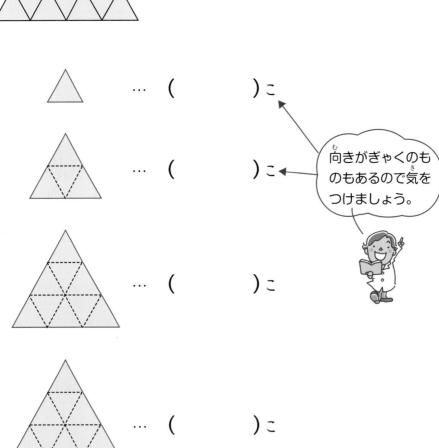

向きがぎゃくのも
のもあるので気を
つけましょう。

… （　　　　　）こ

… （　　　　　）こ

… （　　　　　）こ

… （　　　　　）こ

合計　（　　　　　）こ

11 分　数

教科書の
まとめ

⭐ 分　数

▶ $\dfrac{1}{3}$，$\dfrac{3}{4}$ のような
数を**分数**といい
ます。

「4分の3」と読む

$\dfrac{3}{4}$ ←分子
← 分母

⭐ 分数のしくみと大きさ

▶ $\dfrac{3}{4}$ … $\dfrac{1}{4}$ が3つ

▶ 分数の大きさは，数直線の上
に表すと，よくわかります。

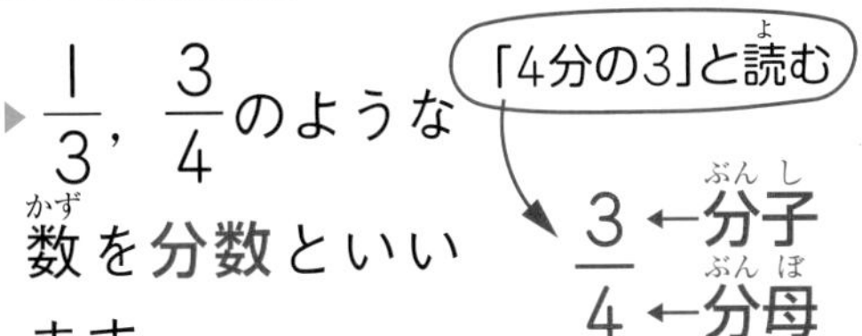

⭐ 分数のたし算

▶ 分母はそのままで，分子だけ
をたします。

$$\dfrac{2}{5}+\dfrac{1}{5}=\dfrac{3}{5}$$

└ 分母は5のまま

⭐ 分数のひき算

▶ 分母はそのままで，分子だけ
をひきます。

$$\dfrac{4}{5}-\dfrac{3}{5}=\dfrac{1}{5}$$

└ 分母は5のまま

▶ $1-\dfrac{2}{5}$ のようなときは，

$\dfrac{5}{5}-\dfrac{2}{5}$ と考えます。

1 分けた大きさの表し方

問題 1 はしたの長さ

1mのテープを同じ長さに3つに分けました。

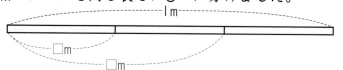

1m

□m
□m

(1) 1mの長さをもとにすると，分けた1つ分の長さは，何mといえばよいでしょう。

(2) 2つ分の長さは，何mといえばよいでしょう。

 考え方

1mを同じ長さに3つに分けた1つ分の長さを，1mの3分の1といいます。

1mの3分の1の長さを

$\dfrac{1}{3}$mと書き，「3分の1メートル」

と読みます。$\dfrac{1}{3}$mの2つ分を

$\dfrac{2}{3}$mと書き，「3分の2メートル」

と読みます。

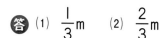 **答** (1) $\dfrac{1}{3}$m　(2) $\dfrac{2}{3}$m

 コーチ

● $\dfrac{1}{3}$，$\dfrac{2}{3}$のような数を **分数** といいます。

● 分数の線の下の数を分母，上の数を分子といいます。

$\dfrac{2}{3}$ ……分子
…… 分母

問題 2 はしたのかさ

1dLますに水が入っています。水のかさを，分数を使って表しましょう。

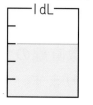
1dL

 コーチ

● 分数を使うと，1より小さいはしたの大きさが表せます。

 考え方

1dLますの1めもりは$\dfrac{1}{5}$dLを表しています。

水のかさは$\dfrac{1}{5}$dLの3つ分で$\dfrac{3}{5}$dL　　**答** $\dfrac{3}{5}$dL

> **たいせつポイント** 分数を使うと1より小さい数を表すことができる。

問題**3** 分数のしくみ

$\dfrac{1}{5}$ を5こ集めた数をいいましょう。

$$\dfrac{5}{5} = 1$$

 考え方 1を, 同じように5つに分けた1つ分の大きさが $\dfrac{1}{5}$

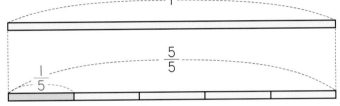

$\dfrac{1}{5}$ を5つ集めた数は $\dfrac{5}{5}$ で, $\dfrac{5}{5}$ は1のことです。

 答 1

問題**4** 分数の大小

$\dfrac{1}{4}$ と $\dfrac{1}{6}$ とでは, どちらが大きいでしょう。

● 分母が同じ分数では, 分子が大きいほうが大きい。

$$\dfrac{3}{5} < \dfrac{4}{5}$$

● 分子が1の分数では, 分母が大きいほうが小さい。

$$\dfrac{1}{4} > \dfrac{1}{6}$$

 考え方 分数の大きさをくらべるには, 下のような図をかくとよいでしょう。

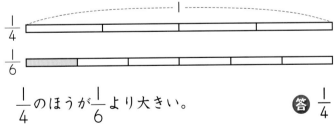

$\dfrac{1}{4}$ のほうが $\dfrac{1}{6}$ より大きい。　　答 $\dfrac{1}{4}$

● $\dfrac{1}{4}$ が $\dfrac{1}{6}$ より大きいことを, $\dfrac{1}{4} > \dfrac{1}{6}$ あるいは $\dfrac{1}{6} < \dfrac{1}{4}$ のように表します。

「>, <」を不等号といいます。

● $\dfrac{5}{5} = 1$ のように, 等しいことを表すしるし「=」を等号といいます。

教科書のドリル

答え → べっさつ18ページ

1 次の長さを，分数を使って表しましょう。

(1)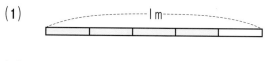
（　　　　）

(2)
（　　　　）

2 次の水のかさにあたるところに，色をぬりましょう。

(1)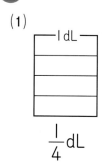

$\dfrac{1}{4}$dL

(2)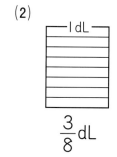

$\dfrac{3}{8}$dL

(3)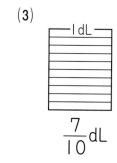

$\dfrac{7}{10}$dL

3 □ にあてはまる数を書き入れましょう。

(1) $\dfrac{1}{8}$ を5こ集めた数は □ です。

(2) $\dfrac{1}{6}$ を □ こ集めると，1になります。

(3) □ を4こ集めた数は $\dfrac{4}{7}$ です。

4 1mのテープを2つにおってから，また2つにおりました。1つ分の長さは何mでしょう。

（　　　　）

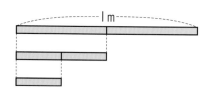

5 次の □ の中にあてはまる>，=，<を書きましょう。

(1) $\dfrac{3}{8}$ □ $\dfrac{5}{8}$

(2) $\dfrac{4}{4}$ □ 1

(3) $\dfrac{1}{3}$ □ $\dfrac{1}{5}$

1 □にあてはまる分数を書きましょう。〔10点ずつ…合計30点〕

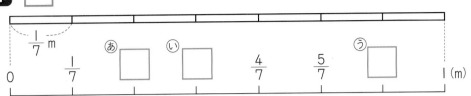

2 下の数直線を見て答えましょう。〔10点ずつ…合計30点〕

(1) あのめもりは，何mを表しているでしょう。　　〔　　　　〕

(2) $\frac{1}{5}$mの2つ分は何mでしょう。　　〔　　　　〕

(3) 1mは$\frac{1}{5}$mのいくつ分でしょう。　　〔　　　　〕

3 1Lのミルクを，6つのコップに同じように分けて入れました。
1つのコップには，ミルクが何L入っているでしょう。〔10点〕

〔　　　　〕

4 1と$\frac{2}{3}$とでは，どちらが大きいでしょう。不等号を使って式に書きましょう。〔10点〕

〔　　　　〕

5 □にあてはまる数を書き入れましょう。〔10点ずつ…合計20点〕

(1) $\frac{1}{6}$dLの5つ分は□dLです。

(2) $\frac{4}{5}$mは□mが4こ集まった長さです。

2 分数のたし算・ひき算

コーチ

問題 1 分数のたし算

水が小さいますに $\frac{1}{5}$ L, 大きいますに $\frac{3}{5}$ L入っています。あわせると, 何Lになるでしょう。

● $\frac{1}{5}$ がいくつ分あるか考えます。

● $\frac{2}{5}+\frac{3}{5}=\frac{5}{5}$

$=1$

 考え方

$\frac{1}{5}$ … $\frac{1}{5}$ が1こ

$\frac{3}{5}$ … $\frac{1}{5}$ が3こ

あわせて $\frac{1}{5}$ が4こ

$$\frac{1}{5}+\frac{3}{5}=\frac{4}{5}$$

答 $\frac{4}{5}$ L

問題 2 分数のひき算

ジュースが $\frac{4}{5}$ Lあります。このジュースを $\frac{1}{5}$ L飲みます。のこりは何Lでしょう。

コーチ

● $\frac{1}{5}$ がいくつ分になるか考えます。

● $1-\frac{3}{5}$

$=\frac{5}{5}-\frac{3}{5}=\frac{2}{5}$

 考え方

$\frac{4}{5}$ … $\frac{1}{5}$ が4こ

$\frac{1}{5}$ … $\frac{1}{5}$ が1こ

ひいて $\frac{1}{5}$ が3こ

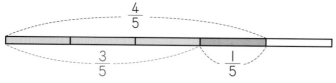

$$\frac{4}{5}-\frac{1}{5}=\frac{3}{5}$$

答 $\frac{3}{5}$ L

教科書のドリル

答え→べっさつ19ページ

1 次のたし算をしましょう。

(1) $\dfrac{1}{3} + \dfrac{1}{3}$　　　　(2) $\dfrac{2}{5} + \dfrac{1}{5}$　　　　(3) $\dfrac{3}{7} + \dfrac{2}{7}$

(4) $\dfrac{2}{9} + \dfrac{5}{9}$　　　　(5) $\dfrac{2}{11} + \dfrac{8}{11}$

2 次のひき算をしましょう。

(1) $\dfrac{2}{3} - \dfrac{1}{3}$　　　　(2) $\dfrac{6}{7} - \dfrac{2}{7}$　　　　(3) $\dfrac{7}{9} - \dfrac{2}{9}$

(4) $\dfrac{9}{10} - \dfrac{3}{10}$　　　　(5) $\dfrac{9}{11} - \dfrac{8}{11}$

3 下の図を見て答えましょう。

(1) あ，い，うのめもりにあたる数をいいましょう。

　　　　あ (　　　　)　　　い (　　　　)　　　う (　　　　)

(2) うはいよりどれだけ大きいでしょう。 (　　　　)

4 1Lの水そう2つに，水が $\dfrac{1}{5}$ Lと $\dfrac{3}{5}$ L入っています。

あわせると何Lになるでしょう。

(　　　　)

テストに出る問題

1 次のたし算をしましょう。〔5点ずつ…合計25点〕

(1) $\dfrac{3}{5}+\dfrac{1}{5}$　　　　(2) $\dfrac{1}{7}+\dfrac{4}{7}$　　　　(3) $\dfrac{4}{9}+\dfrac{3}{9}$

(4) $\dfrac{3}{8}+\dfrac{4}{8}$　　　　(5) $\dfrac{7}{10}+\dfrac{3}{10}$

2 次のひき算をしましょう。〔5点ずつ…合計25点〕

(1) $\dfrac{4}{5}-\dfrac{1}{5}$　　　　(2) $\dfrac{7}{8}-\dfrac{2}{8}$　　　　(3) $\dfrac{9}{10}-\dfrac{6}{10}$

(4) $\dfrac{8}{9}-\dfrac{3}{9}$　　　　(5) $1-\dfrac{2}{3}$

3 右の赤と青のテープについて答え
ましょう。〔10点ずつ…合計40点〕

(1) 赤いテープの長さは，何mでしょ
う。　　　〔　　　　〕

(2) 青いテープの長さは，何mでしょう。

〔　　　　〕

(3) 赤と青のテープをつなぐと，何mになるでしょう。

〔　　　　〕

(4) 赤のテープは，青のテープより何m長いでしょう。

〔　　　　〕

4 ジュースが1Lありました。きょう，$\dfrac{2}{5}$L飲みました。ジュースは何Lのこ
っているでしょう。〔10点〕

〔　　　　〕

12 小数

教科書の まとめ

⭐ はしたの大きさ

- 1dLの10分の1は0.1dL
  0.1dLの3つ分は0.3dL
- 1cmの10分の1は0.1cm
  0.1cmの5つ分は0.5cm

⭐ 小数のしくみ

- 0.3や2.8のような数を**小数**といい，「.」を**小数点**といいます。
- 小数で，小数点のすぐ右の位を $\frac{1}{10}$ の位，または**小数第1位**といいます。

2 . 8
↑　↑　↑
一の位　小数点　$\frac{1}{10}$の位（小数第一位）

⭐ 整数

- 0，1，2，3，4，5，…のような数を**整数**といいます。

⭐ 小数のたし算

- 0.7＋0.6＝1.3
  0.1が　0.1が　0.1が
  7つ　　6つ　　13

  整数のたし算と同じしかた

⭐ 小数のひき算

- 1.4－0.6＝0.8
  0.1が　0.1が　0.1が
  14　　6つ　　8つ

  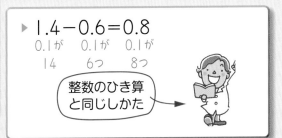

  整数のひき算と同じしかた

1 はしたの大きさと小数

 問題 1 はしたの大きさ⑴

ジュースのかさを，1dLのカップではかったら，2dLとはしたが出ました。ジュースは，全部で何dLあるでしょう。

 コーチ

● 1dLの10分の1を0.1dL（れい点1デシリットル）といいます。

$$0.1dL = \frac{1}{10}dL$$

 考え方 ジュースは，2dLとはしたがあります。

1dLの10分の1を

0.1dL（れい点1デシリットル）

といいます。

0.1dLの4つ分は0.4dLです。

ジュースのかさは，2dLと0.4dLをあわせたもので，2.4dLあります。

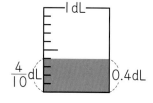

答 2.4dL

 問題 2 はしたの大きさ⑵

下のテープの長さは，何cmといえばよいでしょう。

コーチ

● 1cmの10分の1を0.1cmと表します。

$$\frac{1}{10}cm = 0.1cm$$

 考え方 テープの長さは5cm3mmです。

1cmの10分の1が1mmで，0.1cmと表します。

3mmは0.3cmです。

5cmと0.3cmで5.3cm

 答 5.3cm

Iの10分の1は0.1。
小数の大きさは，数直線に表すとわかりやすい。

問題 3 数直線と小数

下の数直線で，あ，い，うのめもりは，それぞれどんな数を表しているでしょう。

考え方 小さいめもりは
Iの10分の1ですから，0.1を表しています。

答 あ 0.1　い 0.8　う 3.7

コーチ

● 小数…0.1, 0.8, 3.7のような数
整数…0, 1, 2, 3, 4, 5のような数

3.7

一の位　小数点　10分の1の位（小数第一位）

問題 4 小数のしくみ

(1) 0.6, I, 1.4は，それぞれ0.1を何こ集めた数でしょう。

(2) 0.1を23こ集めた数は何でしょう。

コーチ

● 0.6は0.1を6こ集めた数

● Iは0.1を10こ集めた数

● 0.1を23こ集めると2.3

考え方

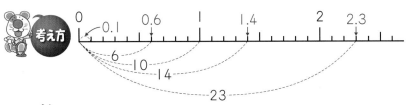

(1) 上の数直線の小さいめもりは0.1を表しています。

0.6…0.1を 6 こ ⎫
   I…0.1を10こ ⎬ 集めた数
1.4…0.1を14こ ⎭

答 0.6は6こ，Iは10こ，1.4は14こ

(2) 0.1を23こ集めると2.3

答 2.3

小数の大きさは，数直線に表すと，よくわかります。

もっとくわしく 数直線では，右のほうにいくほど，数が大きくなります。

教科書のドリル

答え → べっさつ20ページ

❶ 下の数直線で，あ，い，う，えにあてはまる小数を書きましょう。

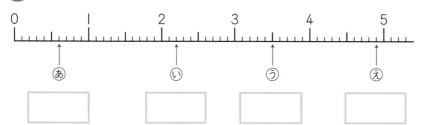

❷ 次の長さやかさを小数で表しましょう。

(1) 2cmと$\frac{1}{10}$cmをあわせた長さ

(　　　　　)

(2) 6Lと$\frac{8}{10}$Lをあわせたかさ

(　　　　　)

❸ 次の数を書きましょう。

(1) 8と0.3をあわせた数

(　　　　　)

(2) 0.1を8こ集めた数

(　　　　　)

(3) 1を7こと0.1を5こあわせた数

(　　　　　)

❹ 〔　〕の中のたんいで表しましょう。

(1) 6mm〔cm〕

(　　　　　)

(2) 4.5cm〔cm，mm〕

(　　　　　)

(3) 21dL〔L〕

(　　　　　)

(4) 3.6L〔L，dL〕

(　　　　　)

❺ ☐にあてはまる数を書き入れましょう。

(1) 0.6－0.7－☐－☐－1－☐－1.2

(2) 7.8－7.9－☐－8.1－8.2－☐－☐－☐

1 テープの長さは，何cmでしょう。〔10点ずつ…合計20点〕

(1)

〔　　　　　　〕

(2)

〔　　　　　　〕

2 次のかさにあたるところに色をぬりましょう。〔10点ずつ…合計20点〕

(1) 0.7L

(2) 1.6L

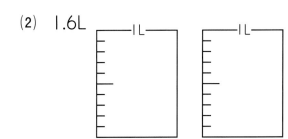

3 〔　　　〕にあてはまる数を書き入れましょう。〔5点ずつ…合計20点〕

(1) 6mm＝〔　　　　〕cm

(2) 54dL＝〔　　　　〕L

(3) 0.4L＝〔　　　　〕dL

(4) 0.8cm＝〔　　　　〕mm

4 不等号(＞，＜)を □ の中に書いて，2つの数の大小を表しましょう。

〔5点ずつ…合計20点〕

(1) 0.9 □ 1.1

(2) 2 □ 1.8

(3) 7.6 □ 6.7

(4) 0 □ 0.1

5 次の数を書きましょう。〔10点ずつ…合計20点〕

(1) 10を2こ，1を8こ，0.1を2こあわせた数

〔　　　　　　〕

(2) 0.1を25こ集めた数

〔　　　　　　〕

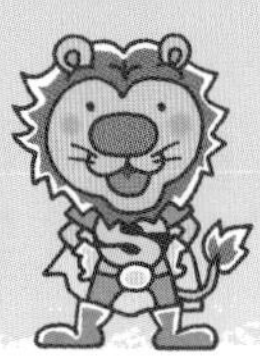

2 小数のたし算・ひき算

問題1 小数のたし算

色水が，大きいびんに0.8dL，小さいびんに0.3dL入っています。
あわせると，何dLになるでしょう。

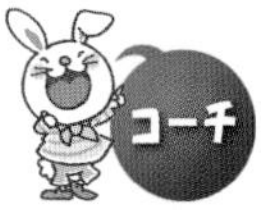

コーチ

● 小数のたし算も，整数のときと同じように計算することができます。

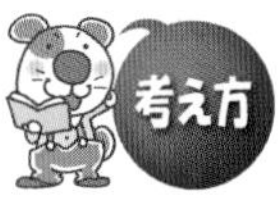

考え方

0.8＋0.3のたし算をします。

右の図から，

0.8…0.1が　8こ
0.3…0.1が　3こ　あわせて

0.1が11こ

0.8＋0.3＝1.1

1dL
1dL
1dL
1dL

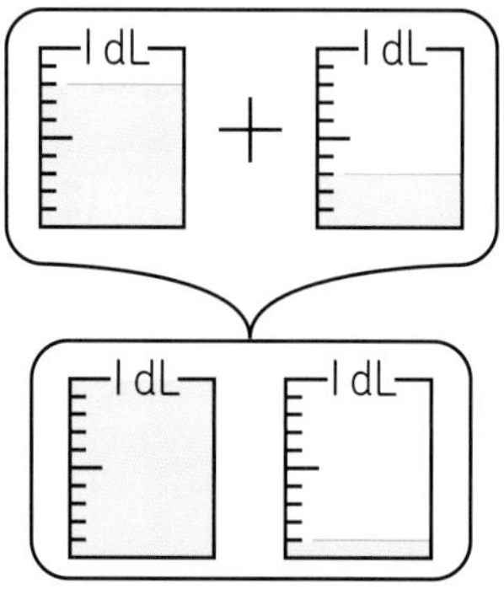

答 1.1dL

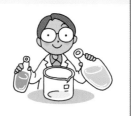

0.3は0.1を3こ，
0.8は0.1を8こ
あわせた数。

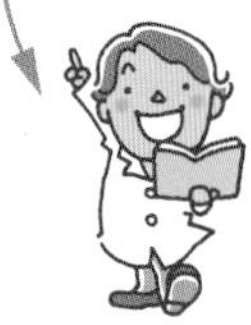

問題2 たし算の筆算

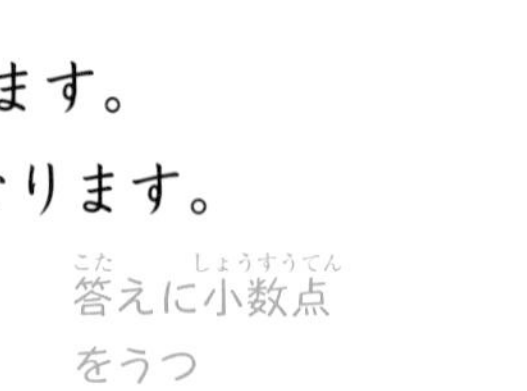

バケツに水が1.4L入っています。さらに，水を3.8L入れました。水は全部で何Lになるでしょう。

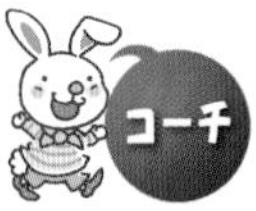

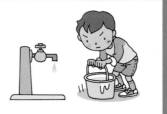

コーチ

〔たし算の筆算〕
①位を上下にそろえます。
②右の位から，整数のときと同じように計算します。
③答えに小数点をうちます。

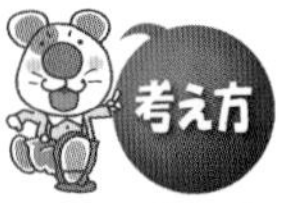

考え方

1.4＋3.8の計算になります。
筆算では，次のようになります。

位を上下にそろえて書く		整数と同じように計算する		答えに小数点をうつ
1.4 ＋3.8	➡	1.4 ＋3.8 5 2	➡	1.4 ＋3.8 5.2

答 5.2L

小数のたし算・ひき算は位をそろえて，整数のたし算・ひき算と同じように計算します。

問題 **3** 小数のひき算

お茶が1.2dLあります。0.8dL飲みました。
のこりは何dLになるでしょう。

● 小数のひき算も，整数のときと同じように計算することができます。

考え方　1.2−0.8のひき算をします。

右の図から，

$$1.2\cdots0.1が12こ$$
$$0.8\cdots0.1が\ 8こ$$　ひいて
$$0.1が\ 4こ$$

1.2−0.8=0.4

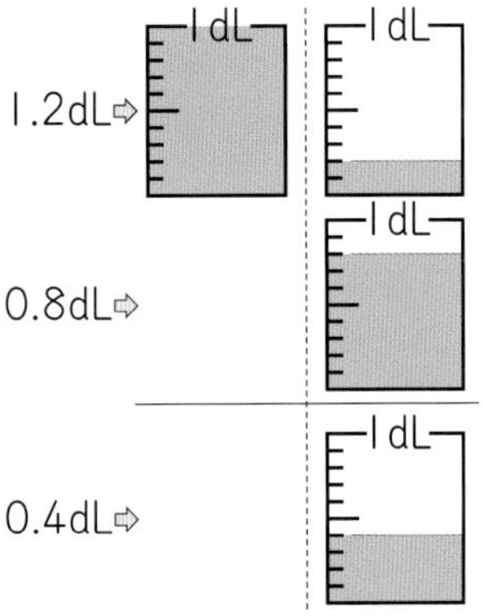

答 0.4dL

1.2dL⇨

0.8dL⇨

0.4dL⇨

問題 **4** ひき算の筆算

たてが4.3cm，横が2.8cmの長方形があります。たては横より何cm長いでしょう。

●「位をそろえる」ということは，「小数点の位置をそろえる」ということです。
〔ひき算の筆算〕
①位を上下にそろえます。
②右の位から，整数のときと同じように計算します。
③答えに小数点をうちます。

考え方　4.3−2.8の計算になります。
筆算では，次のようになります。

位を上下にそ
ろえて書く

整数と同じよ
うに計算する

答えに小数点
をうつ

$$\begin{array}{r} 4.3 \\ -2.8 \\ \hline \end{array}$$
⇒
$$\begin{array}{r} 4.3 \\ -2.8 \\ \hline 15 \end{array}$$
⇒
$$\begin{array}{r} 4.3 \\ -2.8 \\ \hline 1.5 \end{array}$$

答 1.5cm

教科書のドリル

答え → べっさつ22ページ

1 次の計算をしましょう。

(1) 0.7＋0.2 (2) 0.6＋0.4 (3) 0.9＋0.3

(4) 2.3＋0.4 (5) 1.8＋0.2 (6) 4.7＋0.5

2 次の計算をしましょう。

(1)　　4.5
　　＋5.2

(2)　　3.8
　　＋2.5

(3)　　5.6
　　＋4.9

(4)　　3.2
　　＋5.8

(5)　　6.2
　　＋3

(6)　　8
　　＋5.2

3 ハイキングコースを1.3km歩いたところで，のこりが4.8kmと書かれていました。コース全体の長さは何kmになるでしょう。　　（　　　　　）

4 次の計算をしましょう。

(1) 0.8－0.5 (2) 1－0.8 (3) 1.3－0.6

(4) 2.9－0.6 (5) 4－0.3 (6) 2.6－0.8

5 次の計算をしましょう。

(1)　　9.7
　　－7.3

(2)　　7.3
　　－5.8

(3)　　9.3
　　－7.6

(4)　　9.6
　　－3.6

(5)　　3.7
　　－3.2

(6)　　8
　　－2.4

6 ポットにお湯が2.7L入っています。そのうち0.6L使いました。のこりは何Lでしょう。

　　　　　　　　　　　　　　　　　　　　　（　　　　　）

テストに出る問題

1 次の計算をしましょう。〔5点ずつ…合計30点〕

(1) 1.3＋5.8　　(2) 0.1＋9.9　　(3) 5.7＋7.8

(4) 10.7－0.3　　(5) 1－0.4　　(6) 11.5－1.9

2 次の計算をしましょう。〔5点ずつ…合計40点〕

(1)
```
  9.5
＋2.3
```

(2)
```
  3.6
＋4.4
```

(3)
```
  4.6
＋5.8
```

(4)
```
  7.2
＋8
```

(5)
```
  4.8
－2.9
```

(6)
```
  7.8
－1.8
```

(7)
```
 13.6
－1.8
```

(8)
```
  9
－3.5
```

3 13.5cmと9.6cmのテープをつなぎました。全体の長さは，何cmでしょう。
〔10点〕

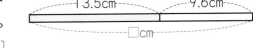

〔　　　　　　〕

4 水が，やかんには2.5L，ポットには1.8L入っています。〔5点ずつ…合計10点〕

(1) 水はあわせて何Lあるでしょう。　〔　　　　　　〕

(2) やかんのほうが何L多く入っているでしょう。　〔　　　　　　〕

5 牛にゅうが1Lあります。さやさんは0.2L，お姉さんは0.4L飲みました。
〔5点ずつ…合計10点〕

(1) お姉さんは，さやさんより何L多く飲んだでしょう。　〔　　　　　　〕

(2) 牛にゅうは何Lのこっているでしょう。

〔　　　　　　〕

きょうりゅうの名前

答え → 141ページ

次の計算をして，きょうりゅうの名前を見つけましょう。

答えのらん→	0.4	0.5	0.6	0.7	0.8	0.9	1
文字を書くらん→							

ロ　0.2＋0.5

プ　0.9－0.3＝0.6

ド　0.1＋0.7

イ　1－0.5

デ　0.8－0.4

ス　0.6＋0.4

ク　1－0.1

0.8	1	1.2	1.4	1.6	1.8	2	←答えのらん
							←文字を書くらん

ノ　0.9＋0.1

ロ　0.6＋0.8＝1.4

ク　1.5－0.3

ス　2.5－0.5

ウ　0.9＋0.9

ニ　1.5＋0.1

モ　1－0.2

13 2けたの数を かけるかけ算

★ 7×40の計算

▶ (7×10)×4
　=70×4
　=280
▶ (7×4)×10
　=28×10
　=280
▶ 7×40の答えは，7×4の答えの10倍で，28の右に0を1つつけた数になります。

★ 63×42の筆算

$$\begin{array}{r} 63 \\ \times 42 \\ \hline 126 \end{array}$$ → $$\begin{array}{r} 63 \\ \times 42 \\ \hline 126 \\ 252 \end{array}$$ → $$\begin{array}{r} 63 \\ \times 42 \\ \hline 126 \\ 252 \\ \hline 2646 \end{array}$$

63×2
=126

63×40
=2520

たし算をする

★ 463×52の筆算

$$\begin{array}{r} 463 \\ \times 52 \\ \hline 926 \end{array}$$ → $$\begin{array}{r} 463 \\ \times 52 \\ \hline 926 \\ 2315 \end{array}$$ → $$\begin{array}{r} 463 \\ \times 52 \\ \hline 926 \\ 2315 \\ \hline 24076 \end{array}$$

463×2
=926

463×50
=23150

たし算をする

1 2けたの数をかけるかけ算

問題 1 30×20のかけ算

1こ30円のみかんを，20こ買います。
代金は，何円になるでしょう。

コーチ

● 30×20の答え
は，30×2の答え
の10倍です。
60の右に0を1つ
つけた数になりま
す。
　30×20=600

考え方 30×20のかけ算をします。
次のような図で考えましょう。

30円のみかん2こで，60円です。
30円のみかん20この代金は，60円の10倍で600円です。
　　　30×20=600

答 600円

問題 2 12×60のかけ算

12×60のかけ算をしましょう。

コーチ

● 12×60の答え
は，12×6の答え
の10倍です。

考え方 60倍するには，6倍して10倍します。
　　　　12×60は（12×6）の10倍
　　12×6→72
　　72の10倍→720
　　12×60=720

答 720

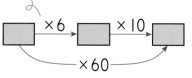

何十をかける
計算は，暗算
でしましょう。

教科書のドリル

答え→べっさつ23ページ

❶ □ にあてはまる数を書き入れましょう。

(1) 5×30の答えは，5×3の答えの □ 倍と同じです。

(2) 16×20の答えは，16× □ の答えの10倍と同じです。

(3) 38を10倍した答えは，38の右に □ を1つつけた数になります。

❷ 次のかけ算をしましょう。

(1) 7×60　　　　(2) 4×50　　　　(3) 8×90

(4) 30×30　　　(5) 80×60　　　(6) 60×50

(7) 12×20　　　(8) 31×30　　　(9) 23×40

(10) 14×50

❸ おはじきを8こずつ，30人の子どもにわたします。
全部で，何このおはじきがいるでしょう。

（　　　　　）

❹ タイルがたてに34まい，横に20まいならべてあります。
タイルは，全部で何まいあるでしょう。

（　　　　　）

❺ 1箱に12こずつ入っているキャラメルの箱が
50箱あります。
キャラメルは，全部で何こあるでしょう。

（　　　　　）

2 2けたの数をかける筆算

問題1 23×34のかけ算

工作で，1人がひごを
23本ずつ使います。
34人では，ひごが何本
いるでしょう。

コーチ

● 2けたの数をかけると，筆算のとちゅうは，2だんになります。

 考え方 23本の34倍です。

34を30+4とみて，答えをもとめましょう。

23×34の筆算

```
  2 3        2 3        2 3
× 3 4  →   × 3 4  →   × 3 4
  9 2        9 2        9 2
             6 9        6 9
                        7 8 2
 23×4       23×30
```

答 782本

23×34
⇩
$\begin{cases} 23× \ 4= \ 92 \\ 23×30=690 \end{cases}$
23×34=782

問題2 43×56のかけ算

43×56を筆算でしましょう。

コーチ

 考え方

```
  4 3        4 3        4 3
× 5 6  →   × 5 6  →   × 5 6
2 5 8      2 5 8      2 5 8
           2 1 5      2 1 5
                      2 4 0 8
```

答 2408

 もっとくわしく かける数が2けたのときは，一の位のかけ算と，十の位のかけ算の2だんになります。

かけ算の筆算では，数字をたてにそろえて，一の位からじゅんにかけていきます。くり上がりの数をわすれないようにします。

問題 3 285×45のかけ算

公園の子どもの入園りょうは，1人285円です。
45人分では，何円になるでしょう。

 コーチ

 考え方 285円の45倍です。

285×45の筆算

$$
\begin{array}{r}
285 \\
\times\ 45 \\
\hline
1425 \\
\end{array}
\Rightarrow
\begin{array}{r}
285 \\
\times\ 45 \\
\hline
1425 \\
1140\ \ \\
\end{array}
\Rightarrow
\begin{array}{r}
285 \\
\times\ 45 \\
\hline
1425 \\
1140\ \ \\
\hline
12825 \\
\end{array}
$$

285×45＝12825（円）　　答 12825円

問題 4 498×60のかけ算

子ども会で写生に行くので，1箱498円の絵の具を，60箱まとめて買いました。
絵の具の代金は，全部で何円でしょう。

 コーチ

● 0のかけ算は，あきほさんのように，はぶくとよいでしょう。

 考え方 498×60のかけ算を筆算でします。

すみれ　　　　　　　あきほ

498×60＝29880（円）　　 29880円

教科書のドリル

1 次のかけ算をしましょう。

(1)
```
    12
×   42
```

(2)
```
    24
×   34
```

(3)
```
    21
×   48
```

(4)
```
    63
×   18
```

(5)
```
    30
×   27
```

(6)
```
    50
×   45
```

(7)
```
    48
×   60
```

(8)
```
    93
×   80
```

(9)
```
   123
×   32
```

(10)
```
   274
×   63
```

(11)
```
   104
×   16
```

(12)
```
   743
×   90
```

2 3年2組では，35人が音楽会へ行くことになりました。

(1) バス代が1人65円いります。35人分では何円でしょう。

(　　　　　　　)

(2) 入場りょうは，1人280円です。35人分では何円になるでしょう。

(　　　　　　　)

3 1本450mL入りのジュースが，40本あります。ジュースは，全部で何L あるでしょう。

(　　　　　　　)

テストに出る問題

答え → べっさつ24ページ

時間20分　合かく点80点　とく点　／100

1 次のかけ算をしましょう。〔7点ずつ…合計56点〕

(1)
$$
\begin{array}{r}
17 \\
\times\ 81 \\
\hline
\end{array}
$$

(2)
$$
\begin{array}{r}
49 \\
\times\ 24 \\
\hline
\end{array}
$$

(3)
$$
\begin{array}{r}
96 \\
\times\ 52 \\
\hline
\end{array}
$$

(4)
$$
\begin{array}{r}
83 \\
\times\ 30 \\
\hline
\end{array}
$$

(5)
$$
\begin{array}{r}
124 \\
\times\ 16 \\
\hline
\end{array}
$$

(6)
$$
\begin{array}{r}
278 \\
\times\ 84 \\
\hline
\end{array}
$$

(7)
$$
\begin{array}{r}
206 \\
\times\ 25 \\
\hline
\end{array}
$$

(8)
$$
\begin{array}{r}
408 \\
\times\ 70 \\
\hline
\end{array}
$$

2 りんごが36こ入っている箱が，16箱あります。
りんごは，全部で何こあるでしょう。

〔14点〕

〔　　　　　〕

3 文集を作ることになりました。1さつ作るのに紙が72まいいるそうです。

この文集を85さつ作るには，紙が全部で何まいいるでしょう。〔14点〕

〔　　　　　〕

4 ゆうびん局で，70円の切手を25まい，270円の切手を16まい買いました。
切手の代金は，あわせて何円でしょう。〔16点〕

〔　　　　　〕

フルーツショップ

答え → 141ページ

① いちごを1パック買って
500円出しました。
おつりは何円でしょう。

　　　　　円

② りんごを3さら買いました。
何円でしょう。

　　　　　円

③ メロン1こは，すいか1
こより何円高いでしょう。

　　　　　円

④ バナナを12ふさ買います。何円でしょう。

　　　　　円

⑤ グレープフルーツ1ことすいか1こを買いました。
何円でしょう。

　　　　　円

⑥ 1000円持っています。
ぶどうは何ふさ買えるでしょう。

　　　　　ふさ

1こ　1580円

1さら　350円

1こ　3500円

1パック　385円

1ふさ　250円

1こ　128円

1ふさ　280円

14 表とグラフ

教科書の
まとめ

⭐ 表づくり

表題を書く

すきな乗りもの

しゅるい	人数（人）
電車	22
ひこうき	15
自動車	10
自てん車	6
船	3
合計	56

人数の多いじゅんにならべる

調べた人数がわかるように合計も書いておく

⭐ ぼうグラフ

▶ 右のようなグラフを，ぼうグラフといいます。

▶ ぼうグラフにかくと，大きさがくらべやすくなります。

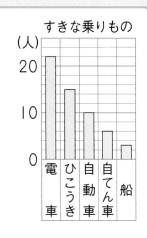

すきな乗りもの

ぼうグラフでは，1めもりがいくらかを調べることが大切です。

1 表とグラフ

問題 1 整理のしかた

あかねさんたちは, 10分間に道を通る自動車の数を調べました。

(1) どんなしゅるいの自動車が通ったか, 正の字で整理しましょう。

(2) (1)で整理したものを表にしましょう。少ないものは,「そのた」にふくめてもかまいません。

南行き	北行き
トラック	トラック
オートバイ	きゅう急車
乗用車	オートバイ
タクシー	乗用車
乗用車	オートバイ
乗用車	オートバイ
バス	乗用車
しょうぼう車	乗用車
乗用車	乗用車
乗用車	パトカー
バス	オートバイ
バス	バス
	乗用車

● 調べたことを表にするときは
①数えおとしをしないこと
②2度数えたりしないことが大切です。
● 正の字で, 次のように数えます。

一	丁	下	正	正
1	2	3	4	5

考え方 自動車をしゅるいべつに整理して, それぞれの台数を調べて表にまとめます。(2)は台数の多いものからじゅんにならべ, 台数の少ないものは「そのた」とします。
合計を計算して, 自動車の台数をたしかめましょう。

答 (1)
乗用車	正 正
オートバイ	正
バス	下
トラック	丁
タクシー	一
しょうぼう車	一
きゅう急車	一
パトカー	一

(2)

自動車調べ

しゅるい	通った数(台)
乗用車	10
オートバイ	5
バス	4
トラック	2
そのた	4
合計	25

「そのた」はさい後に書きます。

表に整理するとき，正の字を使うとおちがなくなります。
ぼうグラフは，ぼうの長さでりょうをくらべます。

問題 2　ぼうグラフ⑴

あかねさんたちは，整理した自動車の数を，下のようなぼうグラフに表しました。

(1) いちばん多く通った自動車は何でしょう。

(2) バスはトラックより，何台多いでしょう。

(3) 乗用車の数は，オートバイの数の何倍でしょう。

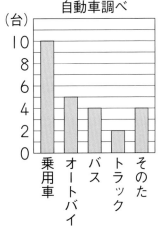

自動車調べ

● ぼうグラフは，ぼうの高さでりょうをくらべます。

どれが多いか一目でわかるのでべんりだね。

(1) ぼうグラフのぼうの高さでくらべます。

答　乗用車

(2) バスは4台，トラックは2台です。
$$4-2=2$$
答　2台

(3) 乗用車は10台，オートバイは5台です。
$$10÷5=2$$
答　2倍

● ぼうグラフのかき方

①たてに，めもりとたんいをかく。

②横に，自動車の名前をかく。

③数にあわせて，ぼうをかく。

④上に表題をかく。

問題 3　ぼうグラフ⑵

「問題2」にならって，「問題1」の図で，南行きの自動車のしゅるいと台数を調べて表にし，ぼうグラフで表しましょう。

● ぼうグラフは多いじゅんにならべることが多い。しかし，この問題では，「問題1」とくらべやすいように，「問題1」のならべ方でつくるとよいでしょう。

答

南行きの自動車調べ

しゅるい	通った数（台）
乗用車	5
オートバイ	1
バス	3
トラック	1
そのた	2
合　計	12

南行きの自動車調べ

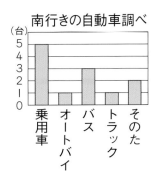

問題4 表(1)

次の表は、けんこうかんさつのけっかです。

1年生

しんどい	4
のどがいたい	1
おなかがいたい	1
せきが出る	2
そのた	2

2年生

しんどい	2
のどがいたい	2
おなかがいたい	1
せきが出る	3
そのた	2

3年生

しんどい	2
のどがいたい	3
おなかがいたい	2
せきが出る	4
そのた	1

右の表にまとめましょう。

けんこうかんさつ

しょうじょう ＼ 学年	1	2	3	合計
しんどい				
のどがいたい				
おなかがいたい				
せきが出る				
そのた				
合　計				

 コーチ

● 「しんどい」、「のどがいたい」など、こう目が同じであれば、このような表にまとめることができます。

表にまとめると、全体のようすがわかりやすくなります。

 考え方

合計のらんも書きます。

けんこうかんさつ

しょうじょう ＼ 学年	1	2	3	合計
しんどい	4	2	2	8
のどがいたい	1	2	3	6
おなかがいたい	1	1	2	4
せきが出る	2	3	4	9
そのた	2	2	1	5
合　計	10	10	12	32

答 右の表

4+2+2=8
1、2、3年生のしんどい人の合計

1、2、3年生のぐあいのわるい人の合計

3年生のぐあいのわるい人の合計

問題5 表(2)

右の表は、3年生の朝食のようすを調べたものです。

朝食調べ

男女 ＼ 朝ごはん	食べた	食べなかった	合計
男　子	11	7	18
女　子	18	3	21
合　計	29	10	39

(1) 朝食をとった女子は何人ですか。

(2) 男子の人数は何人ですか。

 コーチ

● 次のところを調べます。

(1)

＼	食べた	食べなかった	合計
男子	11	7	18
女子	18	3	21
合計	29	10	39

(2)

＼	食べた	食べなかった	合計
男子	11	7	18
女子	18	3	21
合計	29	10	39

 考え方

(1) 「女子」を表す横のれつと、「食べた」を表すたてのれつのまじわるところです。　答 18人

(2) 「男子」を表す横のれつの合計のところです。
　　　　　　　　　　　　　　　　　　　　答 18人

教科書のドリル

答え → べっさつ25ページ

❶ 切手が20まいあります。ねだんべつに整理した表を書きましょう。

切手のまい数とねだん

ねだん（円）	100	50	30	20	10
まい数(まい)					

❷ 右のぼうグラフは，まさとさんたちのボール投げの記ろくです。

(1) 1めもりは，何mを表しているでしょう。

（　　　　　）

(2) ひろきさんは，何m投げたでしょう。

（　　　　　）

(3) のぞみさんとかおるさんのちがいは，何mでしょう。

（　　　　　）

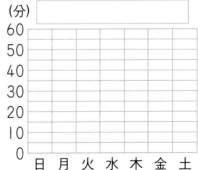
(m) ボール投げの記ろく

❸ 下の表は，みどりさんが1週間に本を読んだ時間を表したものです。

本を読んだ時間

曜日	日	月	火	水	木	金	土
時間(分)	55	40	25	35	20	25	45

右のぼうグラフをかんせいさせましょう。

(分)

❹ 右の表は，たくやさんの学校の3年生の人数を表しています。

(1) 3年生の女子は，何人でしょう。

（　　　　　）

(2) いちばん人数が多いのは，何組でしょう。

（　　　　　）

(3) 3年生は，みんなで何人でしょう。　（　　　　　）

3年生の人数

男女＼組	1	2	3	4	合計
男	16	16	17	16	
女	18	17	16	16	
合計					

テストに出る問題

答え → べっさつ26ページ
時間30分　合かく点70点　とく点　／100

1 右のぼうグラフは，家から歩いてかかる時間を表しています。〔15点ずつ…合計30点〕

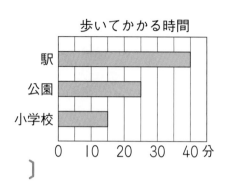

歩いてかかる時間

(1) 1めもりは何分を表しているでしょう。

〔　　　　　〕

(2) 小学校へ行くのにかかる時間は，駅へ行く時間より，何分少ないでしょう。〔　　　　　〕

2 表を見て答えましょう。

〔15点ずつ…合計30点〕

3年生の町べつの人数

組　＼　町	北町	南町	東町	西町	合計
1	9	10	10	6	
2	6	12	9	6	
合　計					

(1) いちばん人数の多い町はどこでしょう。〔　　　　　〕

(2) 3年生は，ぜんぶで何人でしょう。

〔　　　　　〕

3 右のグラフは，3年1組と3年2組で，4月にけがをした場所と人数を調べたものです。〔20点ずつ…合計40点〕

けがをした人数

□3年1組
■3年2組

(1) それぞれの場所で4月にけがをした人数の合計がわかるように，ぼうグラフに表しましょう。

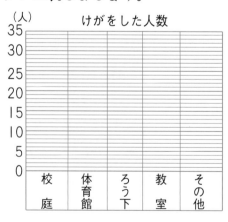

けがをした人数

(2) もっともけががおこりやすい場所はどこでしょう。〔　　　　　〕

15 重さ

教科書の
まとめ

⭐ グラム

▶ 重(おも)さは，|グラムをたんいに
してはかります。
|グラム…|g

⭐ キログラム

▶ 重いものをはかるときには，
キログラムを使(つか)います。
|キログラム…|kg
|kg=1000g

⭐ トン

▶ トラックのつみになど，重い
ものを表(あらわ)すたんいには**トン**を使
います。
|トン…|t
|t=1000kg

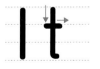

⭐ はかりのめもりの読(よ)み方(かた)

▶ いちばん
小(ちい)さい|め
もりが何(なん)g
かを調(しら)べま
す。

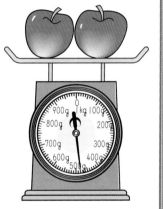

⭐ 重さのたし算(ざん)・ひき算

500g＋600g=1100g
　　　　　=1kg100g
1kg200g−700g
　=1200g−700g=500g

1 重 さ

よしかさんは，図かんをはかりにのせて，重さをはかりました。はかりのめもりは，下の通りです。図かんは何gでしょう。

コーチ

● 重さのたんいに，グラムがあります。グラムはgと書きます。

1円玉1この重さが1gです。

考え方

上のはかりでは，100gを10こに分けていますから，1めもりは10gです。

図かんの重さは400gとあと60gです。

答　460g

下の⑥，◎のはかりは，それぞれどれくらいの重さまではかれるでしょう。

また，重さは何kg何gでしょう。

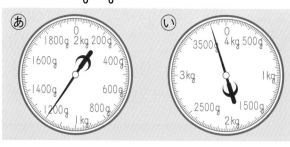

コーチ

● 重さのたんいには，キログラム（kg）もあります。
1kg＝1000g

重いものをはかるときは，1kgをたんいにします。

考え方

⑥のはかりのはりは，1200gをさしています。これは1kg200gのことです。

◎の3800gは，3kg800gのことです。

答　⑥は2kgまではかれる，重さは1kg200g
　　◎は4kgまではかれる，重さは3kg800g

たいせつ
ポイント

重さには，g，kg，tというたんいがあります。
1kg=1000g，1t=1000kgです。

問題 **3** グラムとキログラムとトン

次の（　　）の中にあてはまる数を書きましょう。

(1)　5kg600g＝（　　　　）g

(2)　3750g＝（　　　）kg（　　　　）g

(3)　2500kg＝（　　　）t（　　　　）kg

(4)　7t250kg＝（　　　　）kg

● 重さのたんいに
は，トン（t）もあ
ります。
　1t=1000kg

考え方

(1)　5kgは5000gですから，5000gと600gで
　　5600gです。　　　　　　　　答 5600

(2)　3000gは3kgですから，3kgと750gで
　　3kg750gです。　　　　　　　答 3，750

(3)　2000kgは2tですから，2tと500kgで
　　2t500kgです。　　　　　　　答 2，500

(4)　7tは7000kgですから，7000kgと250kg
　　で7250kgです。　　　　　　　答 7250

問題 **4** 重さのたし算・ひき算

じてんとどう話の本の重さをはかりました。じてん
は1kg100g，どう話の本は800gでした。

(1)　じてんとどう話の本をあわせた重さは，どれだ
　けでしょう。

(2)　じてんのほうが，どれだけ重いでしょう。

● 重さのたし算・
ひき算は，長さの
たし算・ひき算と
同じようにして計
算できます。

考え方

(1)　1kg100g＋800g＝1kg900g
　　　　　　　　　　　　　　　答 1kg900g

(2)　1kg100g－800g＝1100g－800g
　　　　　　＝300g　　　　　　答 300g

教科書のドリル

答え → べっさつ27ページ

1 □ にあてはまる数を書き入れましょう。

(1) 1kg900g = [　　　] g

(2) 2670kg = [　　　] t [　　　] kg

(3) 4t50kg = [　　　] kg

(4) 6030g = [　　　] kg [　　　] g

2 下の重さはどれだけでしょう。

(1)
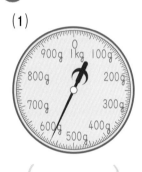
(　　　　　)

(2)
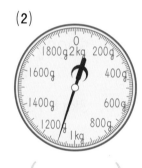
(　　　　　)

(3)
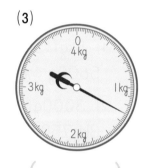
(　　　　　)

3 次の計算をしましょう。

(1) 4kg600g + 200g

(2) 2t200kg + 800kg

(3) 3kg500g − 400g

(4) 1t − 300kg

4 250gの重さのかごに, ピーナツを1kg500g入れてはかります。

はかりのはりは, 何kg何gをさすでしょう。

(　　　　　)

5 教科書を入れたとき, ひろのりさんのランドセルの重さは2800gで, みどりさんのランドセルの重さは2kg500gだそうです。

どちらが何g重いでしょう。

(　　　　　)

1 右の図を見て答えましょう。〔10点ずつ…合計20点〕

(1) いちばん小さいめもりは，何gごとについているでしょう。

〔　　　　　〕

(2) はりは何gをさしているでしょう。

〔　　　　　〕

2 下のめもりは，どれだけの重さをさしていますか。〔10点ずつ…合計30点〕

(1)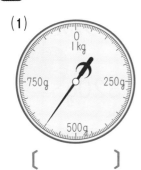

〔　　　　　〕

(2)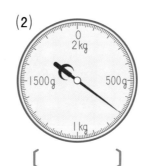

〔　　　　　〕

(3)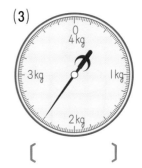

〔　　　　　〕

3 次の □ にあてはまる数を書き入れましょう。〔5点ずつ…合計20点〕

(1) 0.3kg = □ g

(2) 8650g = □ kg □ g

(3) 2t500kg = □ kg

(4) 5060kg = □ t □ kg

4 次の計算をしましょう。〔5点ずつ…合計20点〕

(1) 3kg600g+200g

(2) 1kg−600g

(3) 3t450kg+600kg

(4) 2t−800kg

5 300gの入れものにさとうを入れて重さをはかったら，1kg800gありました。さとうの重さはどれだけでしょう。〔10点〕

〔　　　　　〕

おもしろ算数　身のまわりのものの重さ

みほさんは朝ごはんのようすから，いろいろなものの重さを調べました。みなさんも調べてみましょう。

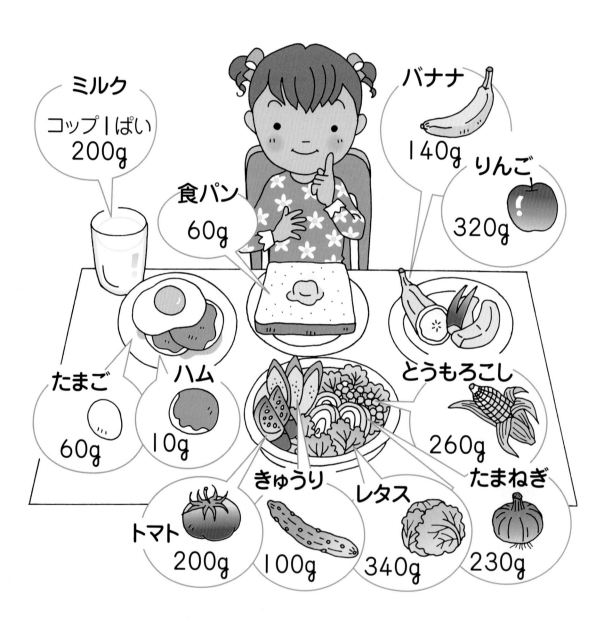

ミルク
コップ1ぱい
200g

バナナ
140g

りんご
320g

食パン
60g

たまご
60g

ハム
10g

とうもろこし
260g

きゅうり
100g

レタス
340g

たまねぎ
230g

トマト
200g

16 □を使った式

教科書の
まとめ

★ □を使った式のつくり方

❶ まず，ことばの式を書いてみ
ます。
❷ ことばの式に，数をあてはめ
ます。
❸ わからないところを□として，
式をつくります。

★ たし算とかけ算の□のもとめ方

たし算はひき算で，かけ算はわ
り算でもとめます。
▶ たし算
□＋ たす数 ＝ 答え
□＝ 答え － たす数
たされる数 ＋□＝ 答え
□＝ 答え － たされる数
▶ かけ算
□× かける数 ＝ 答え
□＝ 答え ÷ かける数
かけられる数 ×□＝ 答え
□＝ 答え ÷ かけられる数

★ ひき算とわり算の□のもとめ方

ひき算はたし算かひき算で，か
け算はわり算かかけ算でもとめ
ます。
▶ ひき算
□－ ひく数 ＝ 答え
□＝ 答え ＋ ひく数
ひかれる数 －□＝ 答え
□＝ ひかれる数 － 答え
▶ わり算
□÷ わる数 ＝ 答え
□＝ 答え × わる数
わられる数 ÷□＝ 答え
□＝ わられる数 ÷ 答え

たし算→ひき算
かけ算→わり算
でもとめます。

1 □を使った式

問題1 □を使ったたし算の式

かえでさんは色紙を何まいか持っていました。
今日，おばさんから15まいもらったので，色紙は全部で50まいになりました。
はじめに何まい持っていたのでしょう。

● たし算の□は，ひき算でもとめられます。

$$□+3=10$$
$$\downarrow$$
$$□=10-3$$

考え方　$\boxed{はじめの数}+\boxed{ふえた数}=\boxed{全体の数}$

はじめの数を□とすると，
$$□+15=50$$

下の図から，□にあたる数をもとめます。

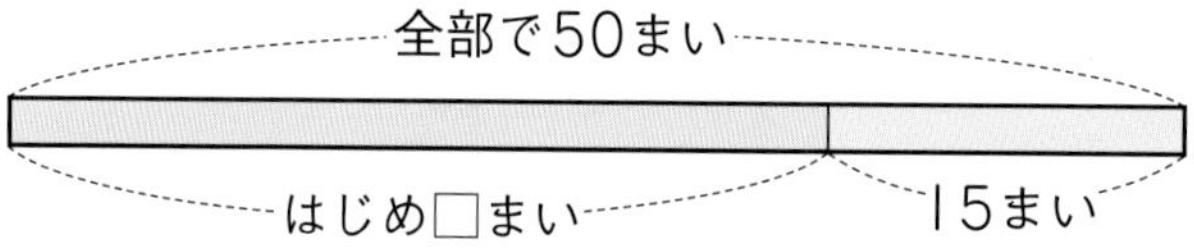

全部で50まい
はじめ□まい　　15まい

$$□+15=50 ⇨ 50-15=35$$

答　35まい

問題2 □を使ったひき算の式

ちょ金箱に何円か入っていました。40円使ったので，のこりは80円になりました。
ちょ金箱には，はじめに何円入っていたのでしょう。

● ひき算の□は，たし算でもとめるときと，ひき算でもとめるときがあります。

$$\begin{cases}□-3=10 \\ \downarrow \\ □=10+3\end{cases}$$
$$\begin{cases}10-□=3 \\ \downarrow \\ □=10-3\end{cases}$$

考え方　$\boxed{ことばの式}$ …… $\boxed{はじめのお金}-\boxed{使ったお金}=\boxed{のこりのお金}$

$\boxed{□を使った式}$ …… $□-40=80$

$\boxed{□にあたる数}$ …… $80+40=120$

答　120円

□がどこにあるかで，たし算になったり，ひき算になったりします。

$□-40=80$ ←たし算　　$40-□=20$ ←ひき算

問題3　□を使ったかけ算の式

1こ何円かのキャンディーを6こ買ったら，代金は48円でした。
キャンディーは1こ何円でしょう。

コーチ

● かけ算の□は，わり算でもとめます。

$$□×3=12$$
⬇
$$□=12÷3$$

考え方　キャンディー1このねだんを□円とします。

| 1このねだん | × | 買った数 | ＝ | 代金 |

$$□×6=48$$

下の図から，□にあたる数をもとめます。

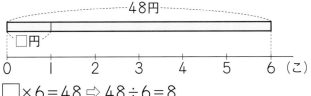

$$□×6=48 ⇨ 48÷6=8$$

答　8円

わからない数があっても，□を使うと，式に書けます。

問題4　□を使ったわり算の式

28人が同じ人数ずつ自動車に乗ったら，ちょうど7台で乗れました。
1台に，何人ずつ乗ったのでしょう。

コーチ

● わり算の□は，かけ算でもとめるときと，わり算でもとめるときがあります。

考え方

| ことばの式 | …… | 全体の人数 | ÷ | 1台に乗る人数 | ＝ | 自動車の数 |

□を使った式 …… $28÷□=7$

□にあたる数 …… $28÷7=4$

答　4人

もっと
くわしく　□がどこにあるかで，かけ算になったり，わり算になったりします。

$28÷□=7$　←わり算　　$□÷7=8$　←かけ算

問題5　何倍かした問題

ゆりかさんの持っている「若草物語」のねだんは，ざっしのねだんの5倍で950円です。

ざっしのねだんは，何円でしょう。

考え方　「ざっし」5さつのねだんが，「若草物語」1さつのねだんと同じです。

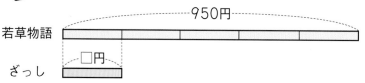

$$950 \div 5 = 190$$

答　190円

左の問題で，ざっしのねだんを□円とすると

$$□ \times 5 = 950$$
$$□ = 950 \div 5$$
$$□ = 190$$

問題6　同じ数ずつ分ける

花屋さんで買ってきた花を4つの花びんに分けたら，どの花びんも3本ずつになりました。

花を何本買ってきたのでしょう。

考え方　図をかいて考えましょう。

買ってきた数は，3本の4倍です。

$$3 \times 4 = 12$$

答　12本

左の問題で，はじめの数を□本とすると

$$□ \div 4 = 3$$
$$□ = 3 \times 4$$
$$□ = 12$$

図をかくと，よくわかります。

128　16 □を使った式

教科書のドリル

答え → べっさつ28ページ

1 長さ60cmのテープを持っていました。工作で何cmか使ったので, のこりは15cmになりました。

$$\boxed{\text{はじめの長さ}} - \boxed{\text{使った長さ}} = \boxed{\text{のこりの長さ}}$$

(1) 使ったテープの長さを□cmとして, このことを式に書きましょう。

(　　　　　　　　)

(2) 使ったテープの長さは, 何cmでしょう。

(　　　　　　　　)

2 キャンディーが同じ数ずつ入っているふくろが4つあります。
キャンディーの数は, 全部で32こです。

$$\boxed{\text{1ふくろの数}} \times \boxed{\text{ふくろの数}} = \boxed{\text{全体の数}}$$

(1) 1ふくろのキャンディーの数を□ことして, 式に書きましょう。

(　　　　　　　　)

(2) キャンディーは, 1ふくろに何こ入っているのでしょう。

(　　　　　　　　)

3 40このおはじきを, 何人かで同じ数ずつ分けたら, 1人分が8こになりました。

$$\boxed{\text{全部の数}} \div \boxed{\text{分けた人数}} = \boxed{\text{1人分の数}}$$

分けた人数を□人として, □を使った式に書き, 分けた人数をもとめましょう。

(　　　　　　　　)

4 □にあてはまる数を書き入れましょう。

(1) $38 + \boxed{} = 51$

(2) $\boxed{} - 36 = 29$

(3) $\boxed{} \times 8 = 56$

(4) $\boxed{} \div 4 = 20$

1 28人の子どもたちが遊んでいます。
あとから何人か来たので，全部で34人になりました。〔合計25点〕

(1) あとから来た人数を□人として，□を使って式を書きましょう。〔15点〕

〔　　　　　　　　〕

(2) あとから来たのは何人でしょう。〔10点〕

〔　　　　　〕

2 さくらさんは200ページある本を読んでいます。今日までに何ページか読んで，あと35ページのこっています。〔合計25点〕

(1) 今日までに読んだページ数を□ページとして，式に書きましょう。〔15点〕

〔　　　　　　　　〕

(2) 今日までに，何ページ読んだのでしょう。〔10点〕

〔　　　　　　　　〕

3 下の(1)，(2)で，ある数を□として式に表してから，□にあてはまる数をもとめましょう。〔15点ずつ…合計30点〕

(1) ある数に9をかけたら，63になりました。ある数はいくつでしょう。

〔　　　　　　　　〕

(2) 54をある数でわったら，6になりました。ある数はいくつでしょう。

〔　　　　　　　　〕

4 □にあてはまる数を書き入れましょう。〔10点ずつ…合計20点〕

(1) □＋70＝150

(2) 10×□＝80

17 問題の考え方

教科書のまとめ

⭐ ことばの式

> ことばで式の意味を考えると，
> 式が立てやすくなります。

⭐ たし算になる式のれい

> 男子の数 ＋ 女子の数
> ＝ 全体の数

> 入れものの重さ ＋ 中身の重さ
> ＝ 全体の重さ

⭐ ひき算になる式のれい

> はじめのお金 － 使ったお金
> ＝ のこりのお金

⭐ かけ算になる式のれい

> 1このねだん × 買った数
> ＝ 代金

⭐ わり算になる式のれい

> 全部の数 ÷ 分けた人数
> ＝ 1人分の数

⭐ 次の2つの式は同じ答え

> $(3+7) \times 5 = 50$
> $(3 \times 5) + (7 \times 5) = 50$

いろいろな問題

問題1 全部の数はいくつ

つばささんはお母さんから色紙を何まいかもらいました。そのうち，8まいを弟にあげたので，のこりは15まいになりました。

お母さんから，何まいもらったのでしょう。

● ことばの式で考えると

もらった数

＝ 弟にあげた数

＋ のこりの数

です。

 図をかいて考えます。

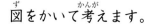

 図をかくと，よくわかるね！

すると，もらった数は

8＋15＝23

答 23まい

問題2 のこりの数はいくつ

かなさんは，おかし屋さんで，50円のガムと，80円のチョコレートと，アイスクリームを買って，200円はらいました。アイスクリームは何円だったのでしょう。

● ことばの式で考えると

ガムのねだん ＋

チョコレートの

ねだん ＋ アイス

クリームのねだん

＝ はらった金がく

となります。

 図をかくと，次のようになります。

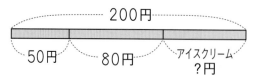

アイスクリームのねだんは

200－50－80＝70

答 70円

たいせつポイント　問題を考えるときは，図をかくとよくわかります。図をよく見て，たし算，ひき算，かけ算，わり算のうち，どれでもとめるかをきめます。

問題3　同じ数に分けるとき

りささんは，もらったキャンディーを5このびんに分けたら，どのびんも15こずつになりました。キャンディーを何こもらったのでしょう。

● もらったキャンディーの数 ÷5 ＝15 の式から考えることもできます。

 図をかいて考えます。

15こ

もらった数

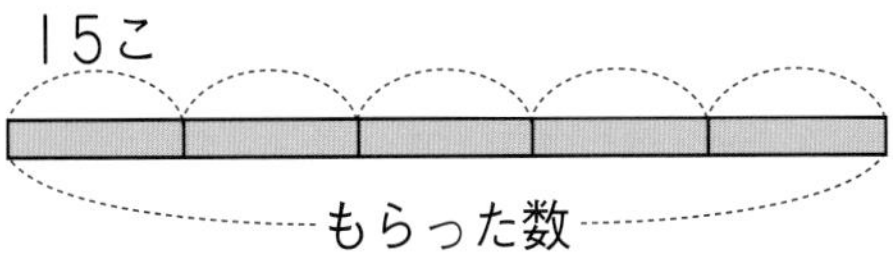

もらった数は，15この5倍です。

15×5＝75

図をかくと，よくわかります。

答 75こ

問題4　何倍かになるとき

お兄さんは54まいの切手を持っています。これは，弟の持っているまい数の6倍にあたるそうです。
弟は何まいの切手を持っているのでしょう。

● 弟の切手のまい数 ×6＝54 の式から考えることもできます。

 図をかいて考えます。

弟

兄は弟の6倍

兄：54まい

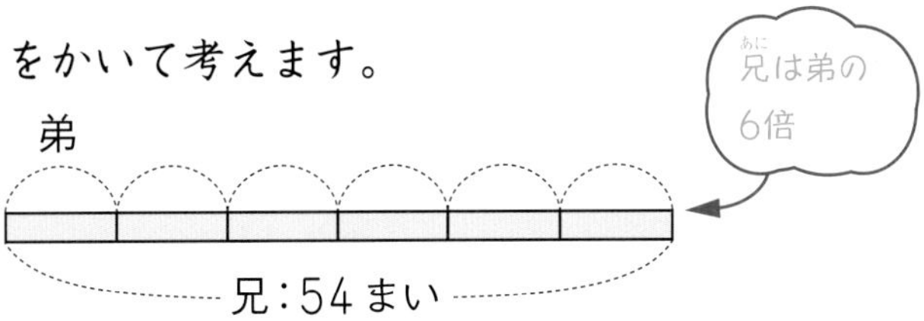

54÷6＝9

答 9まい

問題5 かけ算とひき算

みさきさんは90円のノートを3さつ買いました。
けしゴムもほしくなったので1こ買ったら，みんなで330円になりました。
けしゴムは何円だったのでしょう。

考え方　ノート3さつの代金と，けしゴム1この代金をあわせると，330円になります。

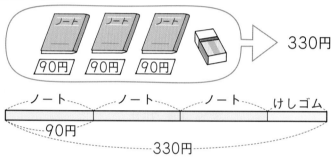

330円

90×3＝270
330−270＝60

答　60円

問題6 かけ算とたし算とわり算

キャラメルが3箱ありました。おやつのとき，8人の子どもが4こずつ食べ，のこりを見たら4こでした。
キャラメルは1箱に何こ入っていたのでしょう。

考え方

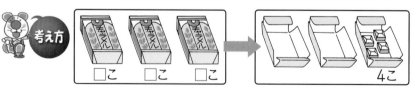

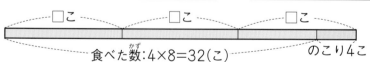

食べた数：4×8＝32（こ）　のこり4こ

4×8＝32　　32＋4＝36　　36÷3＝12

答　12こ

たしてから（全体に）かけるか，それぞれかけたものをたすか，計算しやすい方ほうでしましょう。

問題 7　分けて考える，まとめて考える

コーチ

野球チーム全員に，サンドイッチと牛にゅうをさしいれします。

野球チームは10人で，サンドイッチが230円，牛にゅうが70円であるとき，お金はいくらかかるでしょう。

(1) サンドイッチと牛にゅうの合計金がくに目をつけて，式を立て答えをもとめましょう。

(2) 1人あたりの金がくがいくらになるかに目をつけて，式を立て答えをもとめましょう。

● 230×10＋70×10は，

$\underline{230×10}＋\underline{70×10}$
＝2300＋700
＝3000

と，かっこがなくても×から計算します。
（230×80×10ではない）
└10＋70

● （230＋70）×10は，
300×10＝3000
と，まず（ ）の中を計算します。

考え方

(1) サンドイッチ10人分の代金は
230×10＝2300（円），
牛にゅう10人分の代金は　70×10＝700（円）

答　式：230×10＋70×10＝3000　答え：3000円

(2) 1人あたりの金がくは　230＋70＝300（円）です

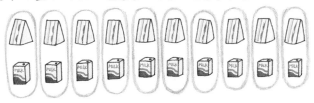

答　式：（230＋70）×10＝3000　答え：3000円

● 次のきまりがあります。
○×□＋△×□
＝（○＋△）×□

● くわしくは，4年生で学習します。

もっとくわしく

● 230×10＋70×10は230×10と
70×10をたしたものです。←＋より×を先に計算する

● （230＋70）×10は，まずかっこの中を計算し
300×10とします。←かっこの中をまず計算

教科書のドリル①

答え→べっさつ29ページ

❶ まおさんは，おはじきを妹の4倍持っています。
まおさんの持っているおはじきの数は32こです。妹は，おはじきを何こ持っているのでしょう。

（　　　　　）

❷ クッキーが1ふくろあります。
このクッキーを，6人で同じように分けたら，1人分が12こになりました。ふくろには，クッキーが何こ入っていたのでしょう。

（　　　　　）

❸ みかんが90こありました。何人かで分けたら，1人分は10こずつになりました。
何人で分けたのでしょう。

（　　　　　）

❹ かごに，いちごが入っていました。
このいちごを，5まいの皿に分けたら，1皿が7こずつになりました。
かごには，いちごが何こあったのでしょう。

（　　　　　）

❺ 8こ入りのキャラメルが3箱あります。
このキャラメルを同じ数ずつ何人かで分けたら，1人分が6こになりました。
何人で分けたのでしょう。

（　　　　　）

❻ あるアイスクリーム屋では，アイスクリームが120円で，トッピングとして上からチョコレートをかけると，30円ねだんが高くなります。チョコレートをかけたアイスクリーム4人分の代金は，いくらでしょう。

（　　　　　）

教科書のドリル②

答え → べっさつ30ページ

1 みかんを1人に3こずつ4人にあげると，あとに，8こ のこりました。
みかんははじめに何こあったのでしょう。

(　　　　　)

2 さくらさんはビー玉を集めていて，今のところ12こ持っています。今日，お姉さんからいくつかもらい，さらに3こ買うと，全部で20こになりました。
お姉さんから何こもらったのでしょう。

(　　　　　)

3 90円のキャラメル3こと，チョコレートを買ったら，400円でした。
チョコレートは，何円だったのでしょう。

(　　　　　)

4 ゆりかさんは，友だち2人にえん筆を5本ずつプレゼントすることにしました。
1本何円のえん筆にすれば，全部で600円になるでしょう。

(　　　　　)

5 おばさんのうちから，りんごを50こおくってきました。
そのうち，20こだけをのこしておいて，近所の家何げんかにあげることにしたら，1けんの数はちょうど5こずつになりました。何げんにあげることにしたのでしょう。

(　　　　　)

1 買いものに行って，くだものを300円で買いました。次に，ケーキを400円で買ったら，のこりは200円になりました。
はじめ，何円持っていたのでしょう。〔20点〕

〔　　　　　〕

2 公園で，男の子が16人，女の子が9人遊んでいました。
あとからおおぜい来たので，みんなで40人になりました。
あとから来たのは何人でしょう。〔20点〕

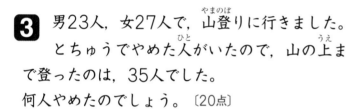

〔　　　　　〕

3 男23人，女27人で，山登りに行きました。とちゅうでやめた人がいたので，山の上まで登ったのは，35人でした。
何人やめたのでしょう。〔20点〕

〔　　　　　〕

4 おはじきを何こか持っていました。
お姉さんから15こもらいました。
妹に35こあげたので，のこりが30こになりました。
はじめに，何こ持っていたのでしょう。
〔20点〕

〔　　　　　〕

5 ゆきのさんの学校の2年生は，男が64人，女が56人で，3年生より15人多いそうです。
ゆきのさんの学校の3年生は，何人でしょう。〔20点〕

〔　　　　　〕

1 赤い色紙4まいと，青い色紙3まいとを1人分にして，何人かに配りました。色紙はみんなで63まいいりました。

何人に配ったのでしょう。〔20点〕　　　　　　　　　　　〔　　　　　　〕

2 丸い皿が4まい，四角い皿が2まいあります。
どの皿にも同じ数ずつケーキをのせていったら，
30こあったケーキがちょうどなくなりました。1皿
に何こずつのせたのでしょう。〔20点〕

〔　　　　　　〕

3 かきが27こありました。このかきを1皿に
3こずつのせていったら，用意していた皿
が，3まいのこりました。皿は，何まいあった
のでしょう。〔20点〕

〔　　　　　　〕

4 友だち8人にキャンディーをあげようと思って用意していましたが，5人
しか来なかったので，12このこりました。
1人に何こずつ用意していたのでしょう。〔20点〕　　　〔　　　　　　〕

5 水族館の入館料は，大人が380円，子どもが320円だそうです。大人5人
のグループと，子ども5人のグループでは，はらう金がくがいくらちがう
でしょう。〔20点〕　　　　　　　　　　　　　　　　　　〔　　　　　　〕

ならびかたしらべ

答え → 141ページ

運動場に，はたが6本1れつにならんでいます。
はたとはたの間は，みんな3mです。
両はしのはたの間は，何mあるでしょう。

考え方

右のようにして，はたの数と間の数をしらべます。
はたは6本ですが，間の数は5つしかありません。

$3 × 5 = 15(m)$

答 15m

丸くならべた場合を考えてみましょう。右の図からもわかるとおり，はたの数と間の数は同じです。

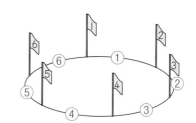

練習1 ほそい道を，先生のうしろに2mずつ間をあけて，子どもが10人歩いていきます。先生といちばんうしろの子どもとは，何mはなれているでしょう。

(   )

練習2 ダンスをするので，15人が3mずつ間をあけて，わになりました。わのまわりは，何mでしょう。

(   )

おもしろ算数 の答え

<**14 ページの答え**>

<**20 ページの答え**>

(1) 1, 27　(2) 55　(3) 1, 36
(4) 47　(5) 53

<**32 ページの答え**>

じゅんに,
にちようびたんじょうかいきてね
ありがとうよろこんでいくよ

<**44 ページの答え**>

<**50 ページの答え**>

7のたてもの
(みんなの話から, コンパスで円をかく。
短いときは, 円のうちがわ。長いときは,
円のそとがわ。)

<**60 ページの答え**>

<**70 ページの答え**>

ふね(はんせん)

<**86 ページの答え**>

じゅんに,
16, 7, 3, 1, 27

<**104 ページの答え**>

じゅんに,
ディプロドクス, モノクロニウス

<**112 ページの答え**>

① 115　② 1050　③ 1920
④ 3000　⑤ 1708　⑥ 3

やってみよう の答え

<**42 ページの答え**>

(1) 66　(2) 40　(3) 34
(4) 58

<**43 ページの答え**>

(1) 15　(2) 21　(3) 23　(4) 8

<**59 ページの答え**>

(1) 9あまり2　(2) 8あまり8

<**76 ページの答え**>

練習1
(1) 46　(2) 128　(3) 129
練習2
(1) 65　(2) 84　(3) 92
(4) 264　(5) 224　(6) 174
(7) 148　(8) 301　(9) 342

<**140 ページの答え**>

練習1　20m
　　　(間の数は10, 2×10 =20(m))
練習2　45m
　　　(間の数は15, 3×15 =45(m))

さくいん

この本に出てくるたいせつなことば

142

□ 編集協力　大須賀康宏　株式会社キーステージ21　田中浩子　西田裕美
□ デザイン　福永重孝
□ 図版作成　伊豆嶋恵理
□ イラスト　反保文江　よしのぶもとこ

シグマベスト
これでわかる
算数　小学3年

編著者　文英堂編集部
発行者　益井英郎
印刷所　中村印刷株式会社
発行所　株式会社文英堂

〒601-8121　京都市南区上鳥羽大物町28
〒162-0832　東京都新宿区岩戸町17
（代表）03-3269-4231

©BUN-EIDO　2011　　　Printed in Japan

●落丁・乱丁はおとりかえします。

ΣBEST
シグマベスト

これでわかる 算数 小学3年

くわしく
わかりやすい

答えと とき方

● 「答え」は見やすいように，ページごとに "わくがこみ" の中
にまとめました。

● 「考え方・とき方」では，線分図（直線の図），表などをたく
さん入れ，とき方がよくわかるようにしています。

● 「知っておこう」では，これからの勉強に役立つ，進んだ学
習内ようをのせています。

文英堂

1 かけ算

教科書のドリルの答え　8ページ

❶ ⓐ…2×5，10
　ⓘ…4×1，4
　ⓤ…5×8，40
　ⓔ…9×7，63

❷ (1) 4　(2) 5　(3) 3　(4) 3　(5) 8
　(6) 5　(7) 8，8，48

❸ (1) 48こ　(2) 42こ

考え方・とき方

❶ かけられる数×かける数でもとめる。

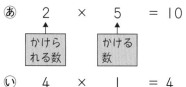

ⓐ　　2　×　5　＝ 10

ⓘ　　4　×　1　＝ 4

❷ かけられる数とかける数を入れかえても答えは同じである。

(1) 4×8＝8×4
(2) 9×5＝5×9
(3) かける数が1ふえると，答えはかけられる数だけ大きくなる。
　　3×9は3×8より　3だけ大きい。
(4) かける数が1へると，答えはかけられる数だけ小さくなる。
　　3×8は3×9より　3だけ小さい。
(5) 8×6＝8×5＋8
　　　　　　└─ かけられる数
(6) 5×4＝5×5−5
　　　　　　└─ かけられる数
(7) 24＝3×8
　　2×24＝2×3×8＝6×8＝48
　　　　　└先に計算┘

❸ (1) 1箱に石けんが8こ入った箱が6こあるから
　　　　8×6＝48（こ）
(2) 48このうち，6こを使ったのだから
　　　　48−6＝42（こ）

（知っておこう）　かけ算では，
・かける数が1ふえると，答えはかけられる数だけふえる。
・かける数が1へると，答えはかけられる数だけへる。
　このことは，九九をおぼえるときや，わすれたときに役に立つ。

テストに出る問題の答え　9ページ

❶ (1) 8　(2) 7　(3) 3　(4) 4
　(5) 7，63

❷ (1) 44こ　(2) 28こ

❸ 線でむすぶもの
　9×4 ── 4×9
　6×8 ── 6×9−6
　6×5 ── 6×4＋6
　7×5 ── 7×4＋7
　7×3 ── 7×4−7

❹ 56こ

❺ 24m

考え方・とき方

❷ (1) 1だんに6こずつ7だんと，あと2こだから
　　　　6×7＋2＝44（こ）
(2) 1だんに6こずつ5だんつんだものから2こ取っているから
　　　　6×5−2＝28（こ）

❹ 7こずつ8皿分だから
　　　　7×8＝56（こ）

❺ 1人分は　4×2＝8（m）
　3人分では　8×3＝24（m）◄ 4×2×3＝24（m）

教科書のドリルの答え　12ページ

❶ (1) 0　(2) 0　(3) 0　(4) 30　(5) 70
　　(6) 80　(7) 180　(8) 900
　　(9) 3600
❷ 1200円
❸ 150cm
❹ (1) 80きゃく　(2) 5きゃく

考え方・とき方

❶ (1)～(3) かけ算では，かけられる数か，かける数のどちらかが0のとき，答えは0になる。
　(4),(5) 10にある数をかけたり，ある数に10をかけたりすると，それぞれの数は位が1つ上がって，もとの数の右に0を1つつけた数になる。
　(6) 40×2は，10が(4×2)こ分と考える。
　(8) 300×3は，100が(3×3)こ分と考える。
　(9) 400×9は，100が(4×9)こ分と考える。
❷ 200×6＝1200(円)
❸ 図をかいて考える。

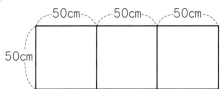

　横は，たての3つ分だから　50×3＝150(cm)
❹ (1) 1列に8きゃくずつ，10列いすがならんでいるのだから
　　　　8×10＝80(きゃく)
　(2) 80のいすに75人がすわるから
　　　　80－75＝5(きゃく)

テストに出る問題の答え　13ページ

❶
点数	入った数	とく点
10	6	60
5	0	0
0	4	0

　　全部で60点
❷ (1) 0　(2) 60　(3) 420　(4) 800
　　(5) 1500
❸ (1) 90こ　(2) 270こ
❹ (1) 800字　(2) 2000字

考え方・とき方

❶ とく点は，点数と入った数とをかけた数になる。
　10点のところ…10×6＝60(点)
　5点のところ…5×0＝0(点)
　0点のところ…0×4＝0(点)
❷ (2) 20×3は，10が(2×3)こ分と考える。
　(5) 300×5は，100が(3×5)こ分と考える。
❸ (1) 1ふくろに30こ入っていて，3ふくろだから
　　　　30×3＝90(こ)
　(2) 1ふくろに30こ入っていて，9ふくろだから
　　　　30×9＝270(こ)
❹ (1) 1まいに400字で，2まい分だから
　　　　400×2＝800(字)
　(2) 1まいに400字で，5まい分だから
　　　　400×5＝2000(字)

② 時こくと時間の計算

教科書のドリルの答え　18ページ

❶ (1) 7時40分　(2) 9時10分
　(3) 1時間30分
❷ 午後3時50分
❸ 午後6時20分
❹ 6秒
❺ (1) 120　(2) 1, 40

考え方・とき方
❶ 下のように，1めもりが10分になっている。

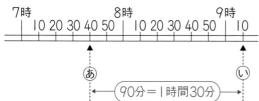

(1) あの時こくは，7時より40分すぎているので「7時40分」
(2) いの時こくは，9時より10分すぎているので「9時10分」
(3) あからいまでは90分だから「1時間30分」

❷ 4時20分－30分
　＝3時80分－30分
　＝3時50分
❸ 5時45分＋35分
　＝5時80分
　＝6時20分
❹ 1分4秒を秒だけで表してくらべる。1分は60秒だから，1分4秒は64秒である。
　ちがいは　64－58＝6(秒)
　(たくみのほうが6秒はやい)
❺ 1分＝60秒のかん係を使って調べる。
　(1) 60×2＝120(秒)
　(2) 100秒＝60秒＋40秒
　　　　＝1分＋40秒→1分40秒

テストに出る問題の答え　19ページ

❶ (1) 200　(2) 2, 10
　(3) 90　(4) 1, 48
❷ (1) 8時41分　(2) 9時10分
　(3) 4時7分　(4) 1時40分
　(5) 1時20分
❸ 7秒
❹ 30分
❺ 4時5分

考え方・とき方
❶ (1) 3時間20分＝180分＋20分
　　　　　　　＝200分
　(2) 130分＝120分＋10分
　　　　＝2時間10分
　(3) 1分30秒＝60秒＋30秒
　　　　　＝90秒
　(4) 108秒＝60秒＋48秒
　　　　＝1分48秒
❷ (1) 8時25分＋16分＝8時41分
　(2) 6時40分＋2時間30分
　　　＝8時70分＝9時10分
　(3) 4時45分－38分
　　　＝4時7分
　(4) 2時－20分
　　　＝1時60分－20分＝1時40分
　(5) 4時10分－2時間50分
　　　＝3時70分－2時間50分＝1時20分
❸ 1分56秒－1分49秒＝7秒
❹ 10時20分－9時50分
　＝9時80分－9時50分
　＝30分
❺ 3時30分＋35分
　＝3時65分＝4時5分

3 わり算

教科書のドリルの答え　24ページ

❶ (1) 3　(2) 6　(3) 7　(4) 9　(5) 8
　(6) 3　(7) 7　(8) 3　(9) 9
❷ (1) 1　(2) 4　(3) 8　(4) 0　(5) 1
　(6) 0
❸ (1) 9人(にん)　(2) 9まい
❹ 3倍(ばい)
❺ 4本(ほん)

考え方・とき方

❶ たとえば，18÷3の答え(こた)は，わる数(かず)3のだんの九九(くく)を使(つか)ってもとめる。
　18÷3は，3×□＝18の□にあたる数が答えになる。

❷ (1)，(5) わる数とわられる数が同(おな)じとき，答えは1になる。
　(4)，(6) 0をどんな数でわっても答えは0になる。

❸ (1)と(2)のちがいを図(ず)で表(あらわ)すと，下(した)のようになる。
　(1)
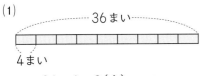
　　36÷4＝9(人)
　(2)
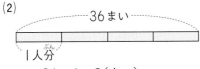
　　36÷4＝9(まい)

❹ 何倍(なんばい)になるかをもとめる問題(もんだい)である。
　　27÷9＝3(倍)

❺ 同(おな)じ数になるように分(わ)けると，1人分がいくつになるかをもとめる問題である。
　　24÷6＝4(本)

知っておこう　わり算(ざん)の答えは，わる数の九九を使ってもとめることができる。

テストに出る問題の答え　25ページ

❶ (1) 5　(2) 9　(3) 9　(4) 8　(5) 6
　(6) 8
❷ (1) 6　(2) 1　(3) 0　(4) 0　(5) 1
　(6) 1
❸ (1) 4こ　(2) 3人
❹ 9本
❺ 9cm
❻ 5倍

考え方・とき方

❶ わる数のだんの九九を使う。
　72÷8→八[九]72→72÷8＝9

❷ (1) わる数が1のわり算
　　6÷1＝6
　(2) 答えが1になるわり算
　　7÷7＝1
　　　　　──わられる数とわる数が同じとき
　(3) 0をわるわり算
　　0÷4＝0
　(4) 0÷9＝0
　(5) 1÷1＝1
　(6) 8÷8＝1

❸ 図に表すと，下のようになる。
　(1)
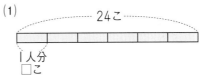
　　24÷6＝4(こ)
　(2)
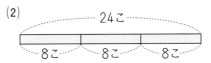
　　24÷8＝3(人)

❹ 同じ人数(にんずう)ずつ分けて組(くみ)をつくると，何組できるかという問題である。
　　27÷3＝9(組)→9本

❺ 同じ長さに分けると，1人分の長さはどれだけになるかという問題である。
　　36÷4＝9(cm)

6 何倍の数かをもとめるときも，わり算の式で考える。

$40÷8＝5→5倍$

教科書のドリルの答え　　27ページ

❶ 8まい

❷ 2こ

❸ 46こ

❹ 6こ

❺ 20まい

考え方・とき方

❶ 48まいを6つに分ける。

$48÷6＝8（まい）$

❷ 図に表すと，下のようになる。

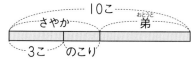

$10÷2＝5（こ）$

$5－3＝2（こ）$

❸ あおいがお母さんからもらった分は

$12÷2＝6（こ）$

はじめに40こあったから，全部で

$40＋6＝46（こ）$

❹ かきが入っているかごの数は

$24÷6＝4（こ）$

のこっているかごの数は

$10－4＝6（こ）$

❺ 買った半紙のまい数は

$40÷8＝5（まい）$

全部で　$15＋5＝20（まい）$

テストに出る問題の答え　　28ページ

❶ 39まい

❷ 4まい

❸ 7人

❹ 3まい

❺ 8人

考え方・とき方

❶ 図に表すと，下のようになる。

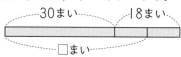

$18÷2＝9（まい）$

$30＋9＝39（まい）$

❷ ケーキがのる皿の数は

$18÷3＝6（まい）$

あまっている皿の数は

$10－6＝4（まい）$

❸ 1つのはんの人数は

$36÷4＝9（人）$

2人けっせきしたから

$9－2＝7（人）$

❹ 買った画用紙の数は

$40÷8＝5（まい）$

2まい弟にあげたから，のこりは

$5－2＝3（まい）$

❺ 1つの組の人数は

$30÷6＝5（人）$

3人ふえたから，みんなで

$5＋3＝8（人）$

教科書のドリルの答え　30ページ

❶ (1) 20　(2) 20　(3) 30　(4) 30
　　(5) 10　(6) 10
❷ (1) 12　(2) 12　(3) 31　(4) 34
　　(5) 21　(6) 11
❸ (1) 5こ　(2) 10人
❹ 33円

考え方・とき方

❶ (1) 40は10が4こ。
　　　40÷2の答えは，10が 4÷2=2（こ）
　　　だから　40÷2=20
❷ (1) 24÷2は，24を20と4に分けて考える。
　　　20÷2=10，4÷2=2
　　　あわせて　12
❸ (1) 図で表すと下のようになる。

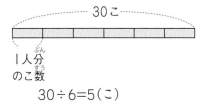

30÷6=5（こ）

　　(2) 図で表すと下のようになる。

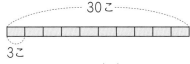

30÷3=10（人）

❹ 2本で66円なので，66を2でわればよい。
　　　66÷2=33（円）

テストに出る問題の答え　31ページ

❶ (1) 10　(2) 40　(3) 11　(4) 10
　　(5) 41　(6) 43　(7) 12　(8) 13
　　(9) 11
❷ (1) 10人　(2) 20こ
❸ 13倍
❹ 21問
❺ 11さつ

考え方・とき方

❶ (1) 60は10が6こ。
　　　60÷6の答えは，10が 6÷6=1（こ）
　　　だから　60÷6=10
　　(5) 82を80と2に分ける。
　　　80÷2=40，2÷2=1
　　　あわせて　41
❷ (1) 80人を8このはんに分けるのだから
　　　　80÷8=10（人）
　　(2) 80人を4人ずつに分けるのだから
　　　　80÷4=20（こ）
❸ 何倍になるかという問題である。
　　　おふろ…39分
　　　歯みがき…3分
　　だから　39÷3=13（倍）
❹ 毎日同じ数の問題をとくと，4日で終えるには，1日何問とけばよいかをもとめる問題である。
　　　84問を4日でとくのだから
　　　　84÷4=21（問）
❺ 9人で運ぶには，1人何さつ運べばよいかをもとめる問題である。
　　　99さつを9人で運ぶのだから
　　　　99÷9=11（さつ）

4 大きな数の たし算・ひき算

❶ (1) 362　(2) 789　(3) 816
　　(4) 959
❷ (1) 910　(2) 924　(3) 602
　　(4) 900　(5) 239　(6) 461
　　(7) 803　(8) 200
❸ (1) 3586　(2) 4369　(3) 6236
　　(4) 8162
❹ 555円
❺ 4434人

（**考え方・とき方**）

❶ すべてくり上がりのないたし算である。
　はじめに一の位をたし，次に十の位をたす。
　さいごに，百の位をたす。

(1)
```
  260      260      260
 +102  ➡  +102  ➡  +102
    2       62      362
```

(2)
```
  351      351      351
 +438  ➡  +438  ➡  +438
    9       89      789
```

❷ くり上がりのあるたし算である。
　一の位から計算する。
　くり上がりに注意する。

(2)
```
   156      156      156
  +768  ➡  +768  ➡  +768
     4       24      924
```

(4)
```
   441      441      441
  +459  ➡  +459  ➡  +459
     0       00      900
```

(6)
```
    74       74       74
  +387  ➡  +387  ➡  +387
     1       61      461
```

(8)
```
     3        3        3
  +197  ➡  +197  ➡  +197
     0       00      200
```

❸ 4けたの数のたし算である。3けたの数まで
　と同じように計算する。

(3)
```
  2462      2462      2462
 +3774  ➡  +3774  ➡  +3774
    36       236      6236
```

(4)
```
  6885      6885
 +1277  ➡  +1277  ➡
     2        62
```
```
  6885      6885
 +1277  ➡  +1277
   162      8162
```

❹ 157＋398＝555　555円
❺ 2248＋2186＝4434　4434人

❶ (1) 657　(2) 762　(3) 966
　　(4) 929　(5) 925　(6) 1203
　　(7) 6072　(8) 8000
❷ 581こ
❸ 9230さつ
❹ 712人
❺ (1) 3　(2) 2

（**考え方・とき方**）

❶ (6) くり上がりが3回あることに注意。
```
   515
  +688
  1203
```
　└─1＋5＋6＝12
❷ 287＋294＝581　　581こ
❸ 5384＋3846＝9230　　9230さつ

4 女の子は

347＋18＝365   365人

男女あわせると

347＋365＝712   712人

5 (1) 一の位の計算にくり上がりはないので

□＋1＝4

□にあてはまる数は3

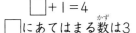

(2) 一の位の計算は

6＋8＝14   となるから，くり上がりがある。

1＋5＋□＝8
　　└ くり上がりの1

□にあてはまる
数は2

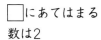

教科書のドリルの答え　40ページ

❶ (1) 325　(2) 114　(3) 412

　　(4) 322

❷ (1) 381　(2) 193　(3) 214

　　(4) 308　(5) 167　(6) 359

　　(7) 268　(8) 457

❸ (1) 909　(2) 5782　(3) 1979

　　(4) 2997

❹ 58本

❺ 2286まい

考え方・とき方

❶ くり下がりのないひき算である。

はじめに一の位をひき，次に十の位をひく。そして，百の位をひく。

(1)

458	458	458
－133	－133	－133
5	25	325

(3)，(4)けた数のちがうひき算でも，一の位からじゅんにひいていく。ひく数に数のない位では，その位に0があると考えて計算する。たとえば，(3)の百の位では，4－0＝4とする。

---

❷ くり下がりのあるひき算である。

一の位から計算をする。

くり下がりに注意する。

(1)

	4 13	4
535	535	535
－154	－154	－154
1	81	381

(3)

	5 13	5
463	463	463
－249	－249	－249
4	14	214

十の位からくり下げると10＋0＝10となる

(4)

	7 10	7
380	380	380
－ 72	－ 72	－ 72
8	08	308

(5)

4 16	2 14	2
356	356	356
－189	－189	－189
7	67	167

(8) くり下がりの数に注意する。

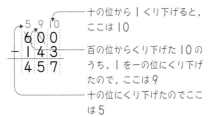

十の位から1くり下げると，ここは10

百の位からくり下げた10のうち，1を一の位にくり下げたので，ここは9

十の位にくり下げたのでここは5

❸ 4けたの数のひき算である。3けたの数までと同じように計算すればよい。

(3)

	4 12	6 14
7752	7752	
－5773	－5773	
	9	79

6 16	6
7752	7752
－5773	－5773
979	1979

(4)

	3 15	2 13
5345	5345	
－2348	－2348	
	7	97

4 12	4
5345	5345
－2348	－2348
997	2997

❹ 225－167＝58   58本

❺ 4153－1867＝2286   2286まい

テストに出る問題の答え　41ページ

1 (1) 531　(2) 323　(3) 600
　　(4) 258　(5) 221　(6) 284
　　(7) 1074　(8) 5122
2 37こ
3 98人
4 3668円
5 (1) 6　(2) 8

考え方・とき方

2 215－178＝37　　　　37こ
3 207－109＝98　　　　98人
4 5006－1338＝3668　　3668円
5 (1) 一の位の計算でくり下がりがないので，
　　ひかれる数の十の位は4でよい。
$$4-\square=8$$
　　の□にあてはまる数はないから，百の位か
　　らくり下げて
$$14-\square=8$$
　　この□にあてはまる数は6
　(2) 一の位の計算でくり下がりがあるので
$$\square-1-5=2$$
　　　　　↖くり下げた1をひいておく
　　この□にあてはまる数は8

たしかめ　□に数をあてはめると

(1)　　543
　　－261
　　　282

(2)　　482
　　－159
　　　323

となる。

べつの考え方

(1) 543－□＝282
　　□にあてはまる数は　543－282
　　　　543
　　－282
　　　261
(2) □－159＝323
　　□にあてはまる数は　323＋159

（右上へ続く）
　　323
　＋159
　　482

5 円と球

教科書のドリルの答え　48ページ

1 ⑦…中心　④…半径　⑦…直径
　　④…中心　⑦…半径　⑦…直径
2 (1) 直径　(2) 中心
3 (1) 10cm　(2) 20cm
4 (1) 3こ　(2) 14こ　(3) 17こ

考え方・とき方

1 円のまん中の点を円の中心，円の中心から
円のまわりまでひいた直線を円の半径，円の
中心をとおってまわりからまわりまでひいた
直線を円の直径という。
　　球を半分に切ったとき，切り口の円の中心
が球の中心，円の半径が球の半径，円の直径
が球の直径となる。
2 (1) 円や球の直径は，半径の2倍である。
3 (1) 小さい円の半径が5cmだから，直径は
　　5cmの2倍で10cmである。
　(2) 大きい円の半径は小さい円の直径と長さが
　　同じで10cmである。
　　　大きい円の直径は10cmの2倍で20cmであ
　　る。
4 下のように，⑦と④の間の長さを半径とし
て，⑦の点を中心に円をかいて，それぞれの
点の数をかぞえる。

◎…④までと同じ
◉…④より遠い
●…④より近い

テストに出る問題の答え　49ページ

1 (1) 20cm　(2) 20cm　(3) 80cm

2 (1) 7cm　(2) 14cm

3 (1) 中心（ちゅうしん）　(2) 半径（はんけい）　(3) 12　(4) 円（えん）

　　(5) 10

考え方・とき方

1 (1) 直径（ちょっけい）の長さ（なが）は半径の2倍（ばい）である。

$$10×2＝20(cm)$$

(2) 正方形（せいほうけい）の1つの辺（へん）の長さは，直径の長さと同（おな）じである。

正方形の1つの辺の長さ＝直径の長さ

$$＝20(cm)$$

(3) 正方形のまわりの長さは，1つの辺の長さの4倍である。

$$20×4＝80(cm)$$

2 (1) ボール3こで21cmだから，このボールの直径は

$$21÷3＝7(cm)$$

(2) ⑧の長さは，ボール2こ分の長さになる。

$$7×2＝14(cm)$$

3 (2) 円（えん）の中心からまわりまでの直線が，円の半径である。

(3) 円の直径は半径の2倍である。

(4) 切（き）り口（くち）は，いつも円になる。

(5) 球（きゅう）の半径は，直径の半分（はんぶん）である。

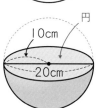

6 あまりのあるわり算

教科書のドリルの答え　54ページ

1 (1) 2（あまり）1　　(2) 3（あまり）1

　　(3) 3（あまり）3　　(4) 3（あまり）2

　　(5) 6（あまり）4　　(6) 4（あまり）2

　　(7) 9（あまり）2　　(8) 8（あまり）3

2 (1) 30　(2) 72　(3) 14　(4) 39

3 1人分（ひとりぶん）は7本（ほん）で，1本あまる

4 4こで，4dLあまる

5 8人（にん）で，2まいあまる

考え方・とき方

1 あまりのあるわり算（ざん）のれんしゅうである。あまりは，わる数（かず）より小さくなることに気（き）をつけて計算（けいさん）する。

2 わられる数と，わる数，答（こた）え，あまりのかん係（けい）は，次（つぎ）の通（とお）りである。

わる数×答え＝わられる数

わる数×答え＋あまり＝わられる数

(1) □÷6＝5 ➡ □は6×5でもとめる。

(3) □÷3＝4あまり2

　　➡ □は3×4＋2でもとめる。

3 36÷5のわり算をする。

$$36÷5＝7あまり1$$

1人分は7本　　　　　1本あまる

4 3L6dLは36dLだから，36÷8のわり算をする。

$$36÷8＝4あまり4$$

水（すい）とう4こ　　　　4dLあまる

5 50÷6のわり算をする。

$$50÷6＝8あまり2$$

8人にあげられる　　　　2まいあまる

知っておこう

わり算であまりが出たときは

わる数×答え＋あまり＝わられる数

で計算が正（ただ）しいかどうかたしかめておこう。

$$50÷6＝8あまり2$$

のときは

$6×8+2=50$

これは正しい。

また，**あまりがわる数より小さいかどうかも**たしかめておこう。

テストに出る問題の答え　55ページ

❶ (1) 3あまり2　(2) 7　(3) 3
　　(4) 6あまり5　(5) 9　(6) 8あまり6

❷ (1) 86　(2) 23　(3) 52　(4) 50

❸ 1人分は8こで，3こあまる

❹ 6人にあげることができて，2さつあまる

❺ 4週間と3日

❻ (1) $32÷4=8$
　　(2) $26÷5=5$あまり1
　　(3) $14÷5=2$あまり4
　　(4) あやまりなし

考え方・とき方

❶ わり切れるものと，あまりのあるものとがまじっている。

あまりは，わる数より小さくなることに気をつけて計算する。

❷ わる数×答え＋あまり＝わられる数のかん係を使って，□にあてはまる数をもとめる。

(1) □ ÷ 9 = 9あまり5
　　わられる数　わる数　答え　あまり

□にあてはまる数は
　　$9×9+5=\boxed{86}$

(2) □$=4×5+3=23$

(3) □$=6×8+4=52$

(4) □$=7×7+1=50$

❸ $35÷4$のわり算をする。
　　$35÷4=8$あまり3
　　1人分8こ　　3こあまる

❹ $20÷3$のわり算をする。
　　$20÷3=6$あまり2
　　6人にあげられる　　2さつあまる

❺ 1週間は7日だから，$31÷7$のわり算をする。
　　$31÷7=4$あまり3
　　4週間　　3日

❻ (1) あまりが4なのでもう1回4がとれる。
　　したがって，$32÷4=8$
　(2) あまり6は5よりも大きいからもう1回5がとれる。
　　$26÷5=5$あまり1
　(3) $5×3+1=15+1=16$となるのであやまり。
　　正しくは
　　$14÷5=2$あまり4

教科書のドリルの答え　57ページ

❶ 8箱

❷ 8さつ

❸ 10回

❹ 8きゃく

❺ 3こ

考え方・とき方

❶ $50÷6$のわり算をする。
　　$50÷6=8$あまり2
8箱できて2こあまる。6こ入りは8箱できる。

❷ $25÷3$のわり算をする。
　　$25÷3=8$あまり1
8さつ立てられて，1cmあまる。

❸ $38÷4$のわり算をする。
　　$38÷4=9$あまり2
9回運んであと2さつのこる。この2さつも運ばなければいけないので，全部で
　　$9+1=10$(回)

❹ $38÷5$のわり算をする。
　　$38÷5=7$あまり3
長いすは7きゃくで3人あまる。この3人がかけるのに，あと1きゃくいるので，全部で
　　$7+1=8$(きゃく)

❺ 60÷7＝8あまり4
したがって，7こ入りの箱が8箱できて，さいごの1箱は4こになる。
これを7こ入りにするには
　　　7－4＝3　より
3こってくればよい。

テストに出る問題の答え　58ページ

❶ 8セット
❷ 5つ
❸ 7まい
❹ 2まい
❺ 5人のチーム7つと4人のチーム2つ

▶ 考え方・とき方

❶ 67÷8のわり算をする。
　　　67÷8＝8あまり3
8セットできる。

❷ 33÷7のわり算をする。
　　　33÷7＝4あまり5
テントには7人までしかねられないので，あまりの5人にもテントがひつようである。
　　　4＋1＝5　　5つ

❸ 40÷6のわり算をする。
　　　40÷6＝6あまり4
画用紙は6まいで，絵はがきが4まいのこる。
この4まいをはるのに画用紙があと1まいいる。
　　　6＋1＝7　　7まい

❹ 50÷9＝5あまり5
赤いほうは5まいできる。
　　　30÷9＝3あまり3
青いほうは3まいできる。
赤いほうが5－3＝2（まい）多い。

❺ 43÷5のわり算をすると
　　　43÷5＝8あまり3
より，5人のチーム8つとあまり3人のチームが1つできる。
　　　3人のチームを4人のチームにするために5人のチームの1つを4人のチームにして3人の

チームに入れる。すると，5人のチームが7つと，4人のチームが2つできることになる。
　　（たしかめ…(5×7)＋(4×2)＝43となる）

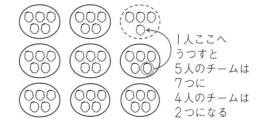

1人ここへうつすと
5人のチームは7つに
4人のチームは2つになる

---

7 大きな数

教科書のドリルの答え　64ページ

❶ (1) 786375　(2) 290530
　(3) 92543806
　(4) 26040000
❷ (1) 2086350
　(2) 360000，2060000
　(3) 10001，9999
　(4) 100000000
❸ あ…86000　い…100000
　う…119000　え…131000
❹ (1) ＞　(2) ＜　(3) ＜

▶ 考え方・とき方

❶ 大きな数は，
4けたごとに，一，十，百，千をくりかえす。
下のような位取りの表をつくって，数を入れてみるとよくわかる。

一億	千万	百万	十万	一万	千	百	十	一
			7	8	6	3	7	5
			⇩	⇩	⇩	⇩	⇩	⇩
			七十万	八万	六千	三百	七十	五

(2)〜(4) 0になる位に気をつける。

❷ (1) 位取りの表を使って数を入れる。
 (2) 36万→360000
   206万→2060000
 (3) 10000＋1＝10001
   10000−1＝9999
❸ 小さい1めもりは1000である。
❹ いちばん上の位からじゅんに，数の大きさを
 くらべる。
 (1) 386542＞384562
 (2) 4020504＜4020518
 (3) 18529306＜18592630

❹ 下のように，位取りをしてみるとよくわかる。

7	1	4	9	3	8	0	2
⇩		⇩		⇩		⇩	
千万の位		百万の位		十万の位		一万の位	

❺ 数が100ずつふえていくことに目をつける。
   　　　　　　　　　　あ
  47800−47900−48000
   　　　　　　　　　　い
  　−48100−48200−48300

テストに出る問題の答え　65ページ

❶ 34120円
❷ (1) 638010　(2) 50400000
❸ (1) 85637　(2) 7090030
 (3) 1001400　(4) 20008600
 (5) 100000000
❹ (1) 千万の位，一万の位　(2) 1，4
❺ あ…48000　い…48100

（考え方・とき方）

❶ 1万を3こ，千を4こ，百を1こ，十を2こあ
 わせた数だから
   　　34120（円）
❷ 位取りの表を使う。

	一億	千万	百万	十万	一万	千	百	十	一
(1)					6	3	8	0	1	0
(2)		5	0	4	0	0	0	0	0

❸

	一億	千万	百万	十万	一万	千	百	十	一
(1)					8	5	6	3	7
(2)			7	0	9	0	0	3	0
(3)				1	0	0	1	4	0	0
(4)		2	0	0	0	8	6	0	0
(5)	1	0	0	0	0	0	0	0	0

教科書のドリルの答え　68ページ

❶ (1) 57000　(2) 63000
 (3) 11000　(4) 25000
 (5) 185万　(6) 581万
 (7) 33万　(8) 36万
❷ (1) 850　(2) 6700
 (3) 1900　(4) 36000
 (5) 450　(6) 6700
❸ (1) 137000円　(2) 11000円
❹ 12こ

（考え方・とき方）

❶ (1)〜(4) 1000がいくつ集まった数であるかを
 考える。
 (1) 32000は1000が32こ｝たすと
   25000は1000が25こ｝1000が57こ
  32000＋25000＝57000
 (2) 49000＋14000＝63000
 (3) 65000−54000＝11000
 (4) 81000−56000＝25000
 (5)〜(8) 1万がいくつ集まった数であるかを考
 える。
 (5) 124万＋61万＝185万
 (6) 235万＋346万＝581万
 (7) 86万−53万＝33万
 (8) 162万−126万＝36万

❷ (1), (2)10をかけると，答えはもとの数の右に0が1つつく。

(3), (4)100をかけると，答えはもとの数の右に0が2つつく。

(5), (6)10でわると，答えはもとの数の右の0が1つとれる。

❸ (1) 74000＋63000
＝137000(円)

```
   74000
＋ 63000
 137000
```

(2) 74000－63000
＝11000(円)

```
   74000
－ 63000
  11000
```

知っておこう 大きな数のたし算やひき算は，上のように筆算ですると，一，十，百の位が0でない場合でも，4けたのときと同じようにして，計算できる。

❹ 1に10円のキャンディーは，200円では200÷10(こ)買える。
200÷10＝20(こ)
20－8＝12(こ)

テストに出る問題の答え 69ページ

❶ (1) 65000 (2) 53000
(3) 692万 (4) 155万
❷ (1) 500 (2) 4200
(3) 7900 (4) 12300
(5) 35000 (6) 8400
❸ 130900円
❹ 157万人

考え方・とき方

❶ (1) 27000＋38000＝65000
(2) 72000－19000＝53000
(3) 434万＋258万＝692万

(4) 492万－337万＝155万

❷ (1), (2) 10をかけると，位が1つ上がり，もとの数の右に0が1つつく。

(3), (4) 100をかけると，位が2つ上がり，もとの数の右に0が2つつく。

(5), (6) 10でわると，位が1つ下がり，もとの数の一の位の0が1つとれる。

❸ 94000＋36900＝130900(円)

```
   94000
＋ 36900
 130900
```

知っておこう 大きな数のたし算やひき算では，位をそろえて，一の位から計算する。

❹ 702万－545万＝157万(人)

8 1けたの数をかけるかけ算

教科書のドリルの答え 74ページ

❶ (1) 140 (2) 240 (3) 84
(4) 96 (5) 92 (6) 98 (7) 420
(8) 258 (9) 324 (10) 600
❷ (1) 3600 (2) 3000 (3) 848
(4) 2436 (5) 2961 (6) 1344
(7) 6912 (8) 2208 (9) 4030
(10) 4824
❸ 375円
❹ 10m

考え方・とき方

❶ くり上がりに気をつける。

(5)
```
   23
×   4
   92
```
1くり上がる
8に1をたして9

❷ (9), (10)では, 0のかけ算に気をつけよう。

(9)
```
    8 0 6
×       5
─────────
  4 0 3 0
```
(10)
```
    6 0 3
×       8
─────────
  4 8 2 4
```

❸ 次のことばの式から, 式をつくる。

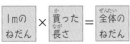

| 1mの
ねだん | × | 買った
長さ | = | 全体の
ねだん |

75 × 5 = ☐
☐=375(円)

```
      7 5
×        5
─────────
    3 7 5
```

❹ 1m25cm=125cm
125×8=1000(cm)
1000cm=10m

```
    1 2 5
×        8
─────────
  1 0 0 0
```

┌─────────────────────────────┐
│ **テストに出る問題の答え**　**75**ページ │
├─────────────────────────────┤
│ ❶ (1) 68　(2) 96　(3) 117　(4) 380 │
│ 　 (5) 768　(6) 7024　(7) 3409 │
│ 　 (8) 3564　(9) 2500　(10) 3020 │
│ ❷ 288こ │
│ ❸ 1305円 │
│ ❹ 360円 │
└─────────────────────────────┘

考え方・とき方

❶ くり上がりに気をつける。

(1)
```
    2
    1 7
×      4
─────────
    6 8
```
(5)
```
    3
  1 9 2
×      4
─────────
  7 6 8
```

(9)
```
  1 2
  6 2 5
×      4
─────────
  2 5 0 0
```
(10)
```
    6 0 4
×        5
─────────
  3 0 2 0
```

❷ 36×8のかけ算をする。
36×8=288(こ)

```
    3 6
×      8
─────────
  2 8 8
```

❸ 435×3=1305(円)

```
    4 3 5
×        3
─────────
  1 3 0 5
```

---

❹ 60×2×3のかけ算をする。
〔計算のしかた1〕
60×2=120(円)
　　　└─ 1箱の代金
120×3=360(円)
〔計算のしかた2〕
2×3=6(こ)
　　└─ ドーナツの数
60×6=360(円)

9 長 さ

┌─────────────────────────────┐
│ **教科書のドリルの答え**　**79**ページ │
├─────────────────────────────┤
│ ❶ ⑦…まきじゃく　⑦…ものさし │
│ 　 ⑦…まきじゃく │
│ ❷ ⑦…cm　⑦…mm　⑦…m │
│ ❸ (1) 1000　(2) 100　(3) 10 │
│ ❹ 130m │
│ ❺ (1) 2km300m　(2) 700m │
└─────────────────────────────┘

考え方・とき方

❶ ものさしは, 短い直線の長さをはかるときに使う。

まきじゃくは, まがっているものの長さや, 長い道のりなどをはかるのに使う。

❷ ⑦ 身長を表すには, cmを使う。

⑦ ノートのあつさのように, 短い長さを表すときは, mmを使う。

⑦ 山の高さや木の高さを表すときは, mを使う。

❸ (1) 1km=1000m

(2) 1m=100cm

(3) 1cm=10mm

❹ 50m+50m+30m=130m

❺ (1) 800m+1km500m
　　　=1km1300m ─┐ 1300m
　　　=2km300m ◄─ =1km300m

(2) 1km500m−800m＝1500m−800m
　　＝700m

テストに出る問題の答え　80ページ

1 ⓐ…5m15cm　　ⓘ…5m50cm
　　ⓤ…5m75cm　　ⓔ…5m90cm

2 (1) 5　　(2) 2，700　　(3) 3000
　　(4) 4600　　(5) 1090

3 (1) 4km800m　　(2) 5km
　　(3) 8km100m　　(4) 1km700m
　　(5) 1km500m

4 (1) 1km400m（1400mでもよい）
　　(2) 1km350m（1350mでもよい）
　　(3) 花屋の前でまがるほうが50m近い

考え方・とき方

1 まきじゃくのめもりを読むときは，めもりの
　つき方に気をつける。
　　1めもりの大きさを正しく読むことが大切
　である。

2 1km＝1000mのかん係を使って調べる。
　(1) 5000m＝5km
　(2) 2700m＝2000m＋700m
　　　　　　　➡2km700m
　(3) 3km＝3000m
　(4) 4km600m＝4000m＋600m
　　　　　　　➡4600m
　(5) 1km90m＝1000m＋90m
　　　　　　　➡1090m

3 (1) 1km500m＋3km300m
　　＝4km800m
　(2) 2km600m＋2km400m
　　　　　　　←kmどうし
　　　　　　　　mどうしをたす
　　＝4km1000m＝5km
　(3) 8km600m−500m
　　＝8km100m
　(4) 7km500m−5km800m
　　　↓1kmくり下げる
　　＝6km1500m−5km800m＝1km700m

(5) 2km−500m
　　＝1km1000m−500m＝1km500m

4 (1) 800m＋200m＋400m＝1400m
　　　　　　　　　　➡1km400m
　(2) 800m＋500m＋50m＝1350m
　　　　　　　　　　➡1km350m
　(3) 1km400m−1km350m＝50m

⑩ 三角形

教科書のドリルの答え　84ページ

1 (1) 二等辺三角形　　(2) 3
　　(3) 同じ　　(4) 正三角形

2 二等辺三角形

3 (1)
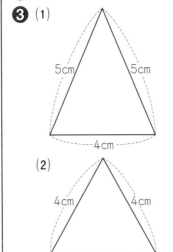

(2)

4 (1) 5cm　　(2) 正三角形

考え方・とき方

1 正三角形は，3つの辺の長さが同じである三
　角形で，二等辺三角形は，2つの辺の長さが
　同じである三角形である。
　　正三角形は，3つの角の大きさが同じである。
　二等辺三角形は，2つの角の大きさが同じで
　ある。

❷ 切ってひろげると，下のように二等辺三角形ができる。

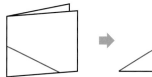
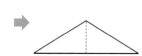

❸ 長さをコンパスではかってかくと，正しくかける。

❹ (1) アイウの三角形の辺の長さは，円の半径の長さと同じになっているので，5cmである。

(2) 3つの辺の長さがどれも5cmで，同じになっているので正三角形である。

テストに出る問題の答え　85ページ

❶ (1) う　(2) い

❷ (1) 二等辺三角形　(2) 正三角形

❸ 10cm

❹ (1) 正三角形　(2) 二等辺三角形

考え方・とき方

❶ (1) 正三角形をえらぶ。

(2) 二等辺三角形をえらぶ。

❷ (1) アイの辺とアウの辺が半径で同じ。

(2) 3つの辺はどれも5cmだから，正三角形である。

❸ 下の図のように考える。

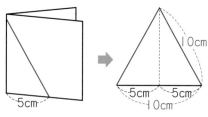

---

11 分　数

教科書のドリルの答え　90ページ

❶ (1) $\dfrac{4}{5}$m　(2) $\dfrac{5}{7}$m

❷

❸ (1) $\dfrac{5}{8}$　(2) 6　(3) $\dfrac{1}{7}$

❹ $\dfrac{1}{4}$m

❺ (1) ＜　(2) ＝　(3) ＞

考え方・とき方

❶ 1mを同じ大きさにいくつに分けたかを調べ，分数を使って書く。

(1)

$\dfrac{1}{5}$mの4つ分で$\dfrac{4}{5}$m

(2)

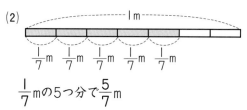

$\dfrac{1}{7}$mの5つ分で$\dfrac{5}{7}$m

❷ 1dLがいくつに分けられているかを調べ，分子の数だけ色をぬる。

❸ 図で調べると，次のようになる。

(1)

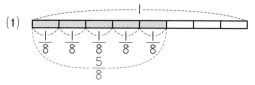

(2)
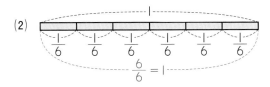

$$\frac{6}{6} = 1$$

(3)
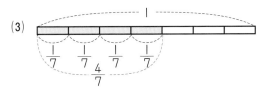

$$\frac{4}{7}$$

❹ 2つにおったあと，また2つにおると，同じ長さに4つに分けたことになる。

4つに分けた1つ分は $\frac{1}{4}$ m

❺ 下の図で調べる。

(1)
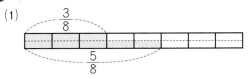

(2)
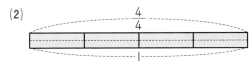

(3)
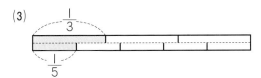

（考え方・とき方）

❶ 1mを同じ長さに7つに分けたので，分母が7の分数になる。

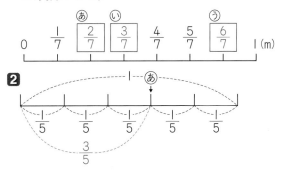

❷

❸ 1Lを6つに分けた1つ分だから $\frac{1}{6}$ Lである。

❹ 下の図で大きさをくらべる。

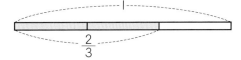

$$\frac{2}{3}$$

❺ (1) $\frac{1}{6}$ dLの5つ分は $\frac{5}{6}$ dL

(2) $\frac{1}{5}$ mが4こ集まると $\frac{4}{5}$ m

教科書のドリルの答え　93ページ

❶ (1) $\frac{2}{3}$　(2) $\frac{3}{5}$　(3) $\frac{5}{7}$

　(4) $\frac{7}{9}$　(5) $\frac{10}{11}$

❷ (1) $\frac{1}{3}$　(2) $\frac{4}{7}$　(3) $\frac{5}{9}$

　(4) $\frac{6}{10}$　(5) $\frac{1}{11}$

❸ (1) あ…$\frac{1}{9}$　い…$\frac{4}{9}$　う…$\frac{8}{9}$

　(2) $\frac{4}{9}$

❹ $\frac{4}{5}$ L

テストに出る問題の答え　91ページ

❶ あ…$\frac{2}{7}$　い…$\frac{3}{7}$　う…$\frac{6}{7}$

❷ (1) $\frac{3}{5}$ m　(2) $\frac{2}{5}$ m　(3) 5つ

❸ $\frac{1}{6}$ L

❹ $1 > \frac{2}{3}$（または $\frac{2}{3} < 1$）

❺ (1) $\frac{5}{6}$　(2) $\frac{1}{5}$

考え方・とき方

❶ 分母が同じである分数のたし算は，分母は そのままで，分子と分子をたす。

(1)

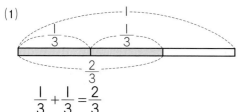

$$\frac{1}{3} + \frac{1}{3} = \frac{2}{3}$$

❷ 分母が同じである分数のひき算は，分母は そのままで，分子のひき算をする。

(1)

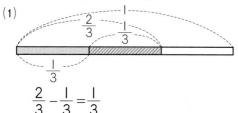

$$\frac{2}{3} - \frac{1}{3} = \frac{1}{3}$$

❸ 1を同じ長さに9つに分けているので，分母 が9の分数である。

(1)

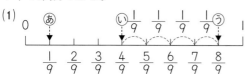

(2) $\frac{8}{9} - \frac{4}{9} = \frac{4}{9}$

❹ $\frac{1}{5} + \frac{3}{5} = \frac{4}{5}$ (L)

テストに出る問題の答え 94ページ

❶ (1) $\frac{4}{5}$ (2) $\frac{5}{7}$ (3) $\frac{7}{9}$

 (4) $\frac{7}{8}$ (5) 1

❷ (1) $\frac{3}{5}$ (2) $\frac{5}{8}$ (3) $\frac{3}{10}$

 (4) $\frac{5}{9}$ (5) $\frac{1}{3}$

❸ (1) $\frac{5}{7}$m (2) $\frac{2}{7}$m (3) 1m (4) $\frac{3}{7}$m

❹ $\frac{3}{5}$L

考え方・とき方

❶ 分母はそのままで，分子のたし算をする。

(1) $\frac{3}{5} + \frac{1}{5} = \frac{4}{5}$

(5) $\frac{7}{10} + \frac{3}{10} = \frac{10}{10} = 1$

❷ 分母はそのままで，分子のひき算をする。

(1) $\frac{4}{5} - \frac{1}{5} = \frac{3}{5}$

(5) $1 - \frac{2}{3} = \frac{3}{3} - \frac{2}{3} = \frac{1}{3}$

❸ (3) $\frac{5}{7} + \frac{2}{7} = \frac{7}{7} = 1$ (m)

(4) $\frac{5}{7} - \frac{2}{7} = \frac{3}{7}$ (m)

 赤のテープのほうが$\frac{3}{7}$m長い。

❹ $1 - \frac{2}{5}$ のひき算をする。1を分母が5の分数 になおすと$\frac{5}{5}$だから $1 - \frac{2}{5} = \frac{5}{5} - \frac{2}{5} = \frac{3}{5}$ (L)

知っておこう 分数は，はしたを表す数である。 分母のちがう分数のたし算やひき算は，5年 生で学習する。

12 小 数

教科書のドリルの答え 98ページ

❶ あ…0.6 い…2.2
 う…3.5 え…4.9

❷ (1) 2.1cm (2) 6.8L

❸ (1) 8.3 (2) 0.8 (3) 7.5

❹ (1) 0.6cm (2) 4cm5mm (3) 2.1L
 (4) 3L6dL

❺ (1) 0.8，0.9，1.1
 (2) 8，8.3，8.4，8.5

考え方・とき方

❶ ㋐ 1を10こに分けているので，1めもりは

$\dfrac{1}{10}$ であることがわかる。

$\dfrac{1}{10}$ は0.1のことだから，$\dfrac{6}{10}$ は0.6になる。

❷ (1) $\dfrac{1}{10}$cmは0.1cmのことだから，2cmと

0.1cmとをあわせた長さになる。

2cmと0.1cmで2.1cm

(2) $\dfrac{8}{10}$Lは0.8Lのことだから，6Lと0.8Lとを

あわせたかさになる。

6Lと0.8Lで6.8L

❸ (1) 8と0.3で8.3

(2) 0.1が8こで0.8

(3) 1が7こで7
0.1が5こで0.5
7と0.5で7.5

❹ (1) 1mmは0.1cmだから
6mmは0.6cm

(2) 4.5cmは，4cmと0.5cmとをあわせた長さ
で，0.5cmは5mm
4.5cm ⇨ 4cmと0.5cm ⇨ 4cm5mm

(3) 10dLが1Lだから，20dLは2L，1dLは0.1L
21dL ⇨ 20dLと1dL ⇨ 2Lと0.1L
⇨ 2.1L

(4) 3.6Lは，3Lと0.6Lとをあわせたかさで，
0.6Lは6dLだから
3.6L ⇨ 3Lと0.6L ⇨ 3L6dL

❺ 小数がいくつずつふえているかに目をつける。

(1) 0.1ずつふえている。
0.6－0.7－ 0.8 － 0.9 －1－ 1.1 －1.2

(2) 0.1ずつふえている。
7.8－7.9－ 8 －8.1－8.2－ 8.3
－ 8.4 － 8.5

テストに出る問題の答え　99ページ

❶ (1) 4.5cm　(2) 6.2cm

❷ (1) [1L目盛り、0.7L]　(2) [1L目盛り、1.6L]　[1L目盛り]

❸ (1) 0.6　(2) 5.4　(3) 4　(4) 8

❹ (1) ＜　(2) ＞　(3) ＞　(4) ＜

❺ (1) 28.2　(2) 2.5

考え方・とき方

❶ 1mmを0.1cmとして長さを表す。

(1) 4cmと5mm　⇨　4cmと0.5cm
⇨　4.5cm

(2) 6cmと2mm　⇨　6cmと0.2cm
⇨　6.2cm

❷ 1Lが10にくぎられているので，1めもりは
0.1Lとなる。

❸ (1) 1mmは0.1cmだから，6mmは0.1cmの6つ
分で0.6cm

(2) 54dL　⇨　50dLと4dL　⇨　5Lと0.4L
⇨　5.4L

(3) 0.1Lが1dLだから，0.4Lは4dL

(4) 0.1cmが1mmだから，0.8cmは8mm

❹ 下のように数直線を使って，大きさをくらべ
るとよくわかる。
右にある数ほど大きい。

❺ (1) 10を2こ……20　┐あわせて
1を8こ……8　　├28.2
0.1を2こ……0.2　┘

(2) 0.1が10こで1だから
0.1が20こ…2　┐あわせて
0.1が5こ…0.5　┘2.5

教科書のドリルの答え　102ページ

❶ (1) 0.9　　(2) 1　　　(3) 1.2
　　(4) 2.7　　(5) 2　　　(6) 5.2
❷ (1) 9.7　　(2) 6.3　　(3) 10.5
　　(4) 9　　　(5) 9.2　　(6) 13.2
❸ 6.1km
❹ (1) 0.3　　(2) 0.2　　(3) 0.7
　　(4) 2.3　　(5) 3.7　　(6) 1.8
❺ (1) 2.4　　(2) 1.5　　(3) 1.7
　　(4) 6　　　(5) 0.5　　(6) 5.6
❻ 2.1L

考え方・とき方

❶ 小数のたし算は，整数のたし算と同じしくみで計算できる。

(1) 0.7…0.1が7こ ⎫ あわせて
　　0.2…0.1が2こ ⎭
　　　　0.1が9こ…0.9

(2) 0.6+0.4 ⇨ (0.1が6こ)+(0.1が4こ)
　　⇨ 0.1が10こ ⇨ 1

(3) 0.9 ＋ 0.3 ＝ 1.2
　 0.1が9こ　0.1が3こ　0.1が12こ
　　　　　　たす

(4) 2.3 ＋ 0.4 ＝ 2.7
　 0.1が23こ　0.1が4こ　0.1が27こ
　　　　　　たす

(5) 1.8+0.2=2

(6) 4.7+0.5=5.2

❷ 整数のたし算と同じように，右の位から計算する。くり上がりに注意すること。

(1) 　4.5　　(2) 　3.8　　(3) 　5.6
　 ＋5.2　　　 ＋2.5　　　 ＋4.9
　　9.7　　　　 6.3　　　 10.5

(4) 　3.2　　(5) 　6.2　　(6) 　8
　 ＋5.8　　　 ＋3　　　 ＋5.2
　　9.0　　　　 9.2　　　 13.2
　　　→9

知っておこう　小数の計算で，数のない位は0があると考えて計算しよう。

　　8　　　　　8.0
　＋5.2　は　＋5.2　と考える。

❸ 1.3+4.8=6.1(km)　　　　　1.3
　　　　　　　　　　　　　　＋4.8
　　　　　　　　　　　　　　 6.1

❹ (1) 0.8…0.1が8こ ⎫ ひいて
　　　 0.5…0.1が5こ ⎭
　　　　 0.1が3こ ⇨ 0.3

(2) 1 …0.1が10こ ⎫ ひいて
　 0.8…0.1が 8こ ⎭
　　　 0.1が 2こ ⇨ 0.2

(3) 1.3-0.6 ⇨ (0.1が13こ)-(0.1が6こ)
　　⇨ 0.1が7こ ⇨ 0.7

(4) 2.9-0.6 ⇨ (0.1が29こ)-(0.1が6こ)
　　⇨ 0.1が23こ ⇨ 2.3

(5) 4 － 0.3 ＝ 3.7
　 0.1が40こ　0.1が3こ　0.1が37こ
　　　　　　ひく

(6) 2.6 － 0.8 ＝ 1.8
　 0.1が26こ　0.1が8こ　0.1が18こ
　　　　　　ひく

❺ 整数のひき算と同じように，右の位から計算する。くり下がりに注意すること。

(1) 　9.7　　(2) 　7.3　　(3) 　9.3
　 －7.3　　　 －5.8　　　 －7.6
　　2.4　　　　 1.5　　　　 1.7

(4) 　9.6　　(5) 　3.7　　(6) こう考える → 8.0
　 －3.6　　　 －3.2　　　 －2.4
　　6.0　　　　 0.5　　　　 5.6
　　→6

❻ 2.7-0.6=2.1(L)　　　　　2.7
　　　　　　　　　　　　　　－0.6
　　　　　　　　　　　　　　 2.1

テストに出る問題の答え　103ページ

1 (1) 7.1　(2) 10　(3) 13.5
　(4) 10.4　(5) 0.6　(6) 9.6

2 (1) 11.8　(2) 8　(3) 10.4
　(4) 15.2　(5) 1.9　(6) 6
　(7) 11.8　(8) 5.5

3 23.1cm

4 (1) 4.3L　(2) 0.7L

5 (1) 0.2L　(2) 0.4L

考え方・とき方

1 (1) 1.3 ＋ 5.8 ＝ 7.1
0.1が13こ　0.1が58こ　0.1が71こ
たす

(2) 0.1 ＋ 9.9 ＝ 10
0.1が1こ　0.1が99こ　0.1が100こ
たす

(3) 5.7 ＋ 7.8 ＝ 13.5
0.1が57こ　0.1が78こ　0.1が135こ
たす

(4) 10.7 － 0.3 ＝ 10.4
0.1が107こ　0.1が3こ　0.1が104こ
ひく

(5) 1 － 0.4 ＝ 0.6
0.1が10こ 0.1が4こ　0.1が6こ
ひく

(6) 11.5 － 1.9 ＝ 9.6
0.1が115こ 0.1が19こ　0.1が96こ
ひく

2 (1)
```
  9.5
＋2.3
━━━━
 11.8
```
(2)
```
  3.6
＋4.4
━━━━
 8.0
   →8
```
(3)
```
  4.6
＋5.8
━━━━
 10.4
```
(4)
```
  7.2
＋8
━━━━
 15.2
```
(5)
```
  4.8
－2.9
━━━━
  1.9
```
(6)
```
  7.8
－1.8
━━━━
  6
```

(7)
```
 13.6
－1.8
━━━━
 11.8
```
(8)
```
  9
－3.5
━━━━
 5.5
```

3 13.5＋9.6＝23.1(cm)
```
 13.5
＋9.6
━━━━
 23.1
```

4 (1) 2.5＋1.8＝4.3(L)
　(2) 2.5－1.8＝0.7(L)

5 (1) 0.4－0.2＝0.2(L)
　(2) 2人が飲んだ量は，あわせて
　0.4＋0.2＝0.6(L)
　もともと1Lあったのだから，
　1－0.6＝0.4(L)

知っておこう　小数もはしたを表す数である。
小数のたし算やひき算で，「位をそろえる」ということは，「小数点の位置をそろえる」ということ。

13　2けたの数をかけるかけ算

教科書のドリルの答え　107ページ

1 (1) 10　(2) 2　(3) 0
2 (1) 420　(2) 200　(3) 720
　(4) 900　(5) 4800　(6) 3000
　(7) 240　(8) 930　(9) 920
　(10) 700
3 240こ
4 680まい
5 600こ

考え方・とき方

1 (1) 5×30の答えは，5×3の答えの10倍と同じ。
(2) 16×20の答えは，16×2の答えの10倍と同じ。
(3) ある数を10倍すると，答えはもとの数の右に0を1つつけた数になる。

❷ (1) 7×60 ⇨ (7×6)の10倍 ⇨ 420
(4) 30×30 ⇨ (30×3)の10倍 ⇨ 900
❸ 8×30のかけ算をする。
8×30 ⇨ (8×3)の10倍 ⇨ 240
❹ 34×20のかけ算をする。
34×20 ⇨ (34×2)の10倍 ⇨ 680
❺ 12×50 ⇨ (12×5)の10倍 ⇨ 600

教科書のドリルの答え　110ページ

❶ (1) 504　(2) 816　(3) 1008
(4) 1134　(5) 810　(6) 2250
(7) 2880　(8) 7440　(9) 3936
(10) 17262　(11) 1664　(12) 66870
❷ (1) 2275円　(2) 9800円
❸ 18L

考え方・とき方

❶ (1)
```
    12
 ×  42
    24
   48
   504
```
(2)
```
    24
 ×  34
    96
   72
   816
```
(3)
```
    21
 ×  48
   168
   84
  1008
```
(4)
```
    63
 ×  18
   504
   63
  1134
```
(5)
```
    30
 ×  27
   210
   60
   810
```
(6)
```
    50
 ×  45
   250
   200
  2250
```
(7)
```
    48
 ×  60
  2880
```
(8)
```
    93
 ×  80
  7440
```

(9)
```
    123
 ×   32
    246
   369
   3936
```
(10)
```
    274
 ×   63
    822
   1644
  17262
```
(11)
```
    104
 ×   16
    624
   104
   1664
```
(12)
```
    743
 ×   90
  66870
```

❷ (1) 65×35
=2275(円)
```
    65
 ×  35
   325
   195
  2275
```
(2) 280×35
=9800(円)
```
    280
 ×   35
   1400
   840
   9800
```

❸ 450×40
=18000(mL)
18000mL=18L
```
    450
 ×   40
  18000
```

テストに出る問題の答え　111ページ

❶ (1) 1377　(2) 1176　(3) 4992
(4) 2490　(5) 1984　(6) 23352
(7) 5150　(8) 28560
❷ 576こ
❸ 6120まい
❹ 6070円

考え方・とき方

❶ (1)
```
    17
 ×  81
    17
   136
  1377
```
(2)
```
    49
 ×  24
   196
   98
  1176
```

(3)
```
      9 6
  ×   5 2
    1 9 2
  4 8 0
  4 9 9 2
```

(4)
```
      8 3
  ×   3 0
  2 4 9 0
```

(5)
```
    1 2 4
  ×   1 6
    7 4 4
  1 2 4
  1 9 8 4
```

(6)
```
    2 7 8
  ×   8 4
  1 1 1 2
  2 2 2 4
  2 3 3 5 2
```

(7)
```
    2 0 6
  ×   2 5
  1 0 3 0
    4 1 2
  5 1 5 0
```

(8)
```
    4 0 8
  ×   7 0
  2 8 5 6 0
```

❷ 36×16
　＝576(こ)
```
      3 6
  ×   1 6
    2 1 6
    3 6
    5 7 6
```

❸ 72×85
　＝6120(まい)
```
      7 2
  ×   8 5
    3 6 0
    5 7 6
    6 1 2 0
```

❹ 70×25＝1750(円)
　270×16＝4320(円)
　1750＋4320＝6070(円)
```
      7 0          2 7 0
  ×   2 5      ×   1 6
    3 5 0      1 6 2 0
  1 4 0          2 7 0
  1 7 5 0      4 3 2 0
```

14 表とグラフ

教科書のドリルの答え　117ページ

❶
ねだん(円)	100	50
まい数(まい)	1	7

30	20	10
3	4	5

❷ (1) 2m　(2) 24m　(3) 6m

❸ 下のグラフ

(分)　本を読んだ時間

60
50
40
30
20
10
0
日 月 火 水 木 金 土

❹ (1) 67人　(2) 1組　(3) 132人

考え方・とき方

❶ それぞれのねだんの切手が何まいあるか, 落ちや重なりのないように, 「正」の字を使って整理する。
合計が20まいになっているかをたしかめる。

❷ (1) グラフの左がわには, 0, 10, 20, 30の数しかついていない。
しかし, 小さいめもりまで調べてみると, めもりが5つで10mであることがわかる。
1めもりの長さは, 10÷5＝2　だから2mである。

(2) 1めもりを2mとして調べると, ひろきは24m投げたことになる。

(3) のぞみは20m, かおるは14m投げたので, 20－14＝6(m)より, のぞみのほうが6m多く投げたことがわかる。

べつの考え方　かおるよりのぞみのほうが3めもり分多く投げているので
2×3＝6(m)

❸ 1めもりは5分である。このことに気をつけて，ぼうの長さをきめる。

知っておこう ぼうグラフは，多いじゅんにならべることが多いが，曜日のように，じゅんじょがきまっているときは，曜日じゅんにならべることがある。

❹ 下のように，たて，横の合計を計算する。

男女＼組	1	2	3	4	合計
男	16	16	17	16	65
女	18	17	16	16	67
合計	34	33	33	32	132

(1) 18＋17＋16＋16＝67(人)

(2) いちばん人数が多いのは，1組で34人。

(3) たてにたしても横にたしても，合計は132人。

知っておこう ぼうグラフは，大きさをくらべるのにべんりである。

テストに出る問題の答え 118ページ

❶ (1) 5分　(2) 25分
❷ (1) 南町　(2) 68人
❸ (1) 下のグラフ

(人) けがをした人数

(2) 校庭

考え方・とき方

❶ (1) 2めもりで10分だから，1めもりは5分。
　(2) 小学校へ行くのには15分，駅へ行くのには40分かかる。
　　　40－15＝25　　　25分

❷ 次のように，表のたて・横の合計をもとめる。

組＼町	北町	南町	東町	西町	合計
1	9	10	10	6	35
2	6	12	9	6	33
合計	15	22	19	12	68

(1) いちばん人数が多いのは，南町の22人である。

(2) たて・横それぞれの合計をもとめてたしかめる。

たて…35＋33＝68(人)
横……15＋22＋19＋12＝68(人)

❸ (1) ぼうグラフから，けがをした人数の合計はそれぞれの場所で次のようになっている。

校　庭：14＋18＝32(人)
体育館：6＋6＝12(人)
ろう下：4＋8＝12(人)
教　室：2＋3＝5(人)
その他：5＋1＝6(人)

1めもりは1人であることに気をつけて，ぼうの長さをきめる。

(2) けがをした人数がいちばん多いのは，校庭の32人である。

15 重さ

教科書のドリルの答え　122ページ

❶ (1) 1900　(2) 2，670
　(3) 4050　(4) 6，30
❷ (1) 570g　(2) 1kg100g
　(3) 1kg300g
❸ (1) 4kg800g　(2) 3t
　(3) 3kg100g　(4) 700kg
❹ 1kg750g
❺ ひろのりさんのほうが300g重い

考え方・とき方

❶ 1kg＝1000g，1t＝1000kgのかん係を使う。
　(1) 1kg900g＝1000g＋900g
　　　　　　　＝1900g
　(2) 2670kg＝2000kg＋670kg
　　　　　　　＝2t670kg
　(3) 4t50kg＝4000kg＋50kg
　　　　　　＝4050kg
　(4) 6030g＝6000g＋30g
　　　　　　＝6kg30g
❷ はかりのめもりを読むときは
　㋐ 何kgまではかることができるかを調べる
　㋑ いちばん小さいめもりが何gになっている
　　かを調べる
　　ことが大切である。
❸ 1kg＝1000g，1t＝1000kgのかん係を使っ
　て計算する。
　(1) 4kg600g＋200g
　　　＝4kg800g
　(2) 2t200kg＋800kg
　　　＝2t1000kg
　　　＝3t
　(3) 3kg500g－400g
　　　＝3kg100g

　(4) 1t－300kg
　　　＝1000kg－300kg
　　　＝700kg
❹ 1kg500g＋250g
　　＝1kg750g
❺ 2kg500g＝2500gだから
　2800g－2500g＝300g
　ひろのりのほうが300g重い。

知っておこう　重さのたんいには，gとkgとtが
　ある。
　　　　　1kg＝1000g　　1t＝1000kg
　1円玉1この重さが1gだから，1円玉1000こ
　(千円分)が1kgになります。

テストに出る問題の答え　123ページ

❶ (1) 10g　(2) 750g
❷ (1) 600g　(2) 700g
　(3) 2kg400g
❸ (1) 300　(2) 8，650　(3) 2500
　(4) 5，60
❹ (1) 3kg800g　(2) 400g
　(3) 4t50kg　(4) 1t200kg
❺ 1kg500g

考え方・とき方

❶ (1) 100gを10こに分けているので，いちば
　　ん小さいめもりは10gごとについているこ
　　とがわかる。
　(2) 700gとあと50gだから
　　　　750g
❷ (1) 大きいめもりは，50gごとについている。
　(2) 大きいめもりは100gごとについている。
❸ (1) 0.3kg＝300g
　(2) 8650g＝8kg650g
　(3) 2t500kg＝2000kg＋500kg
　　　　　　　＝2500kg
　(4) 5060kg＝5000kg＋60kg
　　　　　　　＝5t60kg

4 (1) 3kg600g＋200g
＝3kg800g
(2) 1kg－600g
＝1000g－600g＝400g
(3) 3t450kg＋600kg
＝3t1050kg＝4t50kg
(4) 2t－800kg
＝1t1000kg－800kg
＝1t200kg

5 次のことばの式から考える。

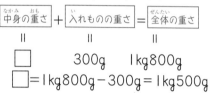

□＝1kg800g－300g＝1kg500g

知っておこう はかりを使うときのちゅうい
①どれだけはかれるかを調べる。
②何ものせないときは，はりが0のところ
をさしているかをたしかめる。
③1めもりの大きさを調べる。
④はかるものはしずかにおく。
⑤めもりはま正面から読む。

16 □を使った式

教科書のドリルの答え **129**ページ

❶ (1) 60－□＝15　(2) 45cm
❷ (1) □×4＝32　(2) 8こ
❸ 40÷□＝8，5人
❹ (1) 13　(2) 65　(3) 7　(4) 80

考え方・とき方

❶ (1) 使ったテープの長さが□cmだから，次
の式ができる。

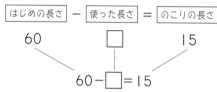

60－□＝15

(2) 60－□＝15の式で，□にあてはまる数
をもとめると
60－□＝15 ⇨ □は60－15
＝45（cm）

❷ (1) 1ふくろのキャンディーの数が□こだか
ら，次の式ができる。

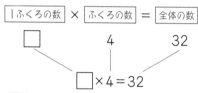

□×4＝32

(2) □×4＝32の式で，□にあてはまる数を
もとめると
□×4＝32 ⇨ □は32÷4
＝8（こ）

❸ 分けた人数が□人だから，次の式ができる。

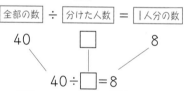

40÷□＝8

40÷□＝8の式で，□にあてはまる数をも
とめると
40÷□＝8 ⇨ □は40÷8
＝5（人）

❹ (1) 38＋□＝51 ⇨ □は51－38
＝13
(2) □－36＝29 ⇨ □は29＋36
＝65
(3) □×8＝56 ⇨ □は56÷8
＝7
(4) □÷4＝20 ⇨ □は20×4
＝80

知っておこう 式をつくるとき，わからないもの
を□とすると，式がつくりやすくなる。

テストに出る問題の答え　130ページ

❶ (1) 28＋□＝34　(2) 6人
❷ (1) 200－□＝35
　　(2) 165ページ
❸ (1) □×9＝63，7
　　(2) 54÷□＝6，9
❹ (1) 80　(2) 8

考え方・とき方

❶ (1) ことばの式で表すと，次のようになる。

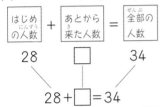

（1）　| はじめの人数 | ＋ | あとから来た人数 | ＝ | 全部の人数 |
　　　　28　　　　　□　　　　　34

　　　　28＋□＝34

　(2) 28＋□＝34の式で，□にあてはまる数
　　をもとめると
　　28＋□＝34 ⇨ □は34－28
　　　　　　　　　　　　＝6(人)

❷ (1) 次のことばの式にあてはめて，□を使っ
　　た式を書く。

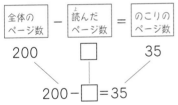

　　| 全体のページ数 | － | 読んだページ数 | ＝ | のこりのページ数 |
　　　　200　　　　　□　　　　　35

　　　　200－□＝35

　(2) 200－□＝35の式で，□にあてはまる数
　　をもとめると
　　200－□＝35 ⇨ □は200－35
　　　　　　　　　　　　＝165(ページ)

❸ ある数を□として，文章の通りに式を書く。
　(1) □×9＝63 ⇨ □は63÷9
　　　　　　　　　　　　＝7
　(2) 54÷□＝6 ⇨ □は54÷6
　　　　　　　　　　　　＝9

❹ (1) □＋70＝150 ⇨ □は150－70
　　　　　　　　　　　　＝80
　(2) 10×□＝80 ⇨ □は80÷10
　　　　　　　　　　　　＝8

⑰ 問題の考え方

教科書のドリル①の答え　136ページ

❶ 8こ
❷ 72こ
❸ 9人
❹ 35こ
❺ 4人
❻ 600円

考え方・とき方

❶ 妹の持っているおはじきの4倍が，32こだ
　から，妹の持っているおはじきは
　　　　32÷4＝8(こ)

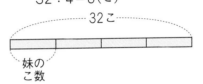

❷
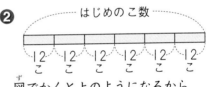

　図でかくと上のようになるから
　　　　12×6＝72(こ)

❸ 90こを10こずつに分けているから
　　　　90÷10＝9(人)

❹
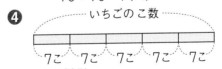

　7この5皿分だから
　　　　7×5＝35(こ)

❺
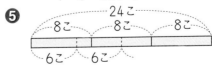

　キャラメルの数は　8×3＝24(こ)
　　人数は　24÷6＝4(人)

❻ 1人分は120+30=150(円)である。

$$(120+30)×4$$
$$=150×4$$
$$=600(円)$$

ベつの考え方

アイスクリーム4人分は
$$120×4=480(円)$$
チョコレート4人分は
$$30×4=120(円)$$
あわせると
$$480+120=600(円)$$

教科書のドリル②の答え 137ページ

❶ 20こ

❷ 5こ

❸ 130円

❹ 60円

❺ 6けん

考え方・とき方

❶ あげたこ数は
$$3×4=12(こ)$$
8このこるので
$$12+8=20(こ)$$

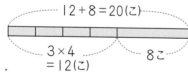

❷

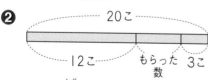

もらった数は
$$20-12-3=5(こ)$$

---

❸

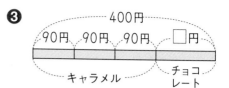

キャラメルの代金は
$$90×3=270(円)$$
チョコレートの代金は
$$400-270=130(円)$$

❹ 買うえん筆は，5×2=10(本)なので，1本のねだんは
$$600÷10=60(円)$$

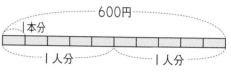

❺ あげる数は　50-20=30(こ)
あげるけん数は　30÷5=6(けん)

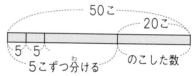

テストに出る問題①の答え 138ページ

❶ 900円

❷ 15人

❸ 15人

❹ 50こ

❺ 105人

考え方・とき方

❶ ケーキを買う前
$$…200+400=600(円)$$
くだものを買う前
$$…600+300=900(円)$$

❷ 図をかくと下のようになる。

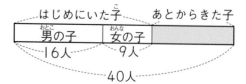

はじめにいた子どもの数
　　…16+9＝25(人)
あとからきた子どもの数
　　…40-25＝15(人)

3 図をかくと，下のようになる。

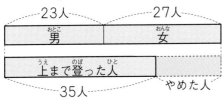

全部の人数は
　　23+27＝50(人)
とちゅうでやめた人は
　　50-35＝15(人)

4 ようすをまとめると

妹にあげる前は
　　30+35＝65(こ)
お姉さんからもらう前は
　　65-15＝50(こ)
　　　　└──はじめに持っていた数

5 図をかくと，下のようになる。

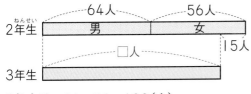

2年生は　64+56＝120(人)
3年生は　2年生より15人少ないから
　　120-15＝105(人)

テストに出る問題②の答え 139ページ

1 9人
2 5こ
3 12まい
4 4こ
5 300円

考え方・とき方

1 1人分のまい数は
　　4+3＝7(まい)
配った人数は
　　63÷7＝9(人)

2 皿のまい数はあわせて
　　4+2＝6(まい)

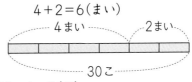

30÷6＝5(こ)

3

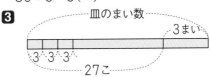

27このかきを，3こずつ皿にのせると，皿は
27÷3＝9(まい)いる。
3まいのこったから，皿の数は
　　9+3＝12(まい)

4 のこったキャンディーは，3人分で12こで
ある。

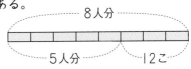

3人分で12こだから，1人分は
　　12÷3＝4(こ)

5 大人と子どもでは，1人分につき
　　380-320＝60(円)ちがう。
5人分では
　　60×5＝300(円)ちがう。

べつの考え方
　　380×5-320×5
　　　＝1900-1600
　　　＝300(円)

⑦